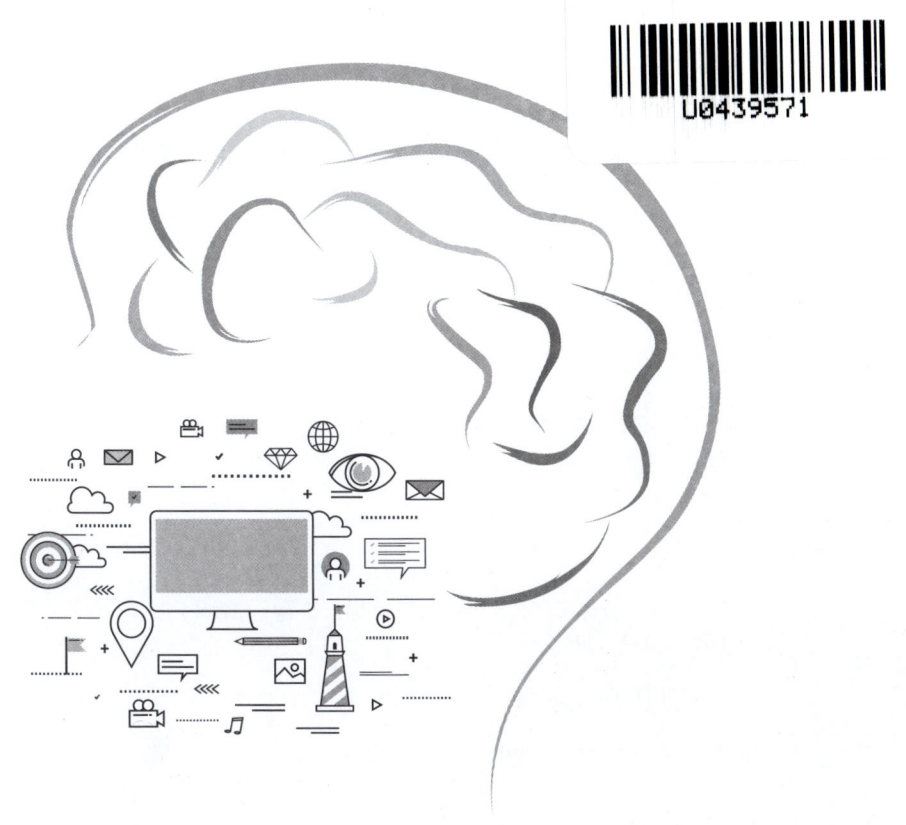

被5,895,597次收藏的PPT设计经验

PPT设计思维（第2版）
教你又好又快搞定幻灯片

邵云蛟（@旁门左道PPT）著

电子工业出版社

Publishing House of Electronics Industry

北京·BEIJING

内 容 简 介

如果你在互联网上搜索过PPT教程，那就会发现，大多数教程都是在教你如何操作、如何设置参数等。而对PPT发烧友及以制作PPT为职业的人而言，我认为看再多这样的教程，对提高制作水平也收效甚微。因为想要又好又快地完成一套幻灯片，是需要方法的。在本书中，笔者把长期以来在PPT制作中积累的经验分享给读者，希望能对广大PPT制作者有一定的帮助。

未经许可，不得以任何方式复制或抄袭本书之部分或全部内容。
版权所有，侵权必究。

图书在版编目（CIP）数据

PPT设计思维：教你又好又快搞定幻灯片/邵云蛟著. —2版. —北京：电子工业出版社，2022.1
ISBN 978-7-121-42247-8

Ⅰ. ①P… Ⅱ. ①邵… Ⅲ. ①图形软件 Ⅳ. ①TP391.412

中国版本图书馆CIP数据核字（2021）第217211号

责任编辑：张月萍
印　　刷：中国电影出版社印刷厂
装　　订：中国电影出版社印刷厂
出版发行：电子工业出版社
　　　　　北京市海淀区万寿路173信箱　　　邮编：100036
开　　本：720×1000　1/16　　印张：15.5　　字数：360千字
版　　次：2016年11月第1版
　　　　　2022年1月第2版
印　　次：2024年4月第10次印刷
印　　数：39001册~44000册　　定价：79.00元

凡所购买电子工业出版社图书有缺损问题，请向购买书店调换。若书店售缺，请与本社发行部联系，联系及邮购电话：（010）88254888，88258888。
质量投诉请发邮件至zlts@phei.com.cn，盗版侵权举报请发邮件至dbqq@phei.com.cn。
本书咨询联系方式：（010）51260888-819，faq@phei.com.cn。

本书逻辑性强，内容丰富，从基础知识到提升技巧面面俱到，涵盖了PPT设计的方方面面。无论是学生，还是职场人士，都值得阅读本书。

曹将，《PPT炼成记》作者

我经营着一个拥有100多名员工的在线教育公司。因为职业的关系，我们非常需要把PPT做得漂亮一些。

一直以来都是我自己在研究怎么做好PPT，虽然也上过一些PPT课程，但是在这些课程中学到的知识真正能利用起来的却比较少。

邵老师的文章是我无意中看到的，看了一篇就令我眼前一亮，是我这么多年来见过的写得最好的PPT文章。最让我惊喜的是，他讲解的是我特别喜欢的乔布斯风格的PPT制作方法，简捷而大气。还有他在PPT制作细节上的把握水平，比如字体应该怎么排？图片应该怎么排？创意图片到哪里找？……书中对这一系列问题做出了说明，让人很容易知道从哪里下手。现在邵老师的文章已经成了培训我们老师的教材，它帮助我们公司提升了PPT的制作质量，我相信也已经在无形中提升了我们客户的用户体验，并提升了我们的业绩。

同时，我还将邵老师推荐给了我微博上的数十万粉丝，希望其中需要进行PPT学习的朋友，能够学到我认为最好的PPT教程。

蒋晖，某在线教育机构创始人，新浪微博大V

PPT制作不仅仅是一个编辑、排版的操作过程，为了更有效地传递信息，你还需要了解"如何去应用设计"。本书结合了作者多年的设计执行经验，给大家以"术"的方法指导。

刘浩，微软PowerPoint MVP，iSlide创始人

市面上大部分的PPT教程，都是教软件，教操作，很少有教设计思维的。为什么？因为很少有人能教好，直到我遇到了这本书。很多时候我们缺的不是操作技巧，而是正确的思考方式，而邵老师把这一点讲得非常到位！

@Simon_阿文

在这几年涌现出的众多PPT高手中，邵云蛟是最聪明、最勤奋的高质量教程贡献者

之一，学习邵云蛟的"旁门左道PPT"微信公众号是我每周的必修功课。国内的PPT教程大致可分为两种，一种追求AE视频般的炫酷视觉效果，另一种则探寻如何快速美观地设计工作型PPT。前者以出售PPT模板或者让定制客户买单为出发点，后者则以解决工作中的实用问题为最终目标，邵云蛟的教程无疑属于后者。如果你希望在工作中做出美观的PPT，邵云蛟的这本书值得你阅读。

杨臻@般若黑洞，畅销书《PPT，要你好看》作者

一次很偶然的机会，在知乎上看到邵云蛟的回答，当时就被他扎实而又富有深度的PPT知识给震撼到，每每看他的回答，都能获得不一样且十分受用的技巧、方法、资源。他关于PPT的回答，无论是素材的准备，还是思路的构想，抑或是文字的锤炼，都几乎无可挑剔。我想，一个人如果对一件事情足够用心，那他写出的书，也一定能给他人带来实实在在的帮助和启发。

曾少贤，知乎大V

我应该写一本什么样的书

如果你曾经有过要学好 PPT 制作的冲动，进而买过一些相关图书，或者看过一些教程，那么，你肯定会发现，95%的教程可以归为同一类。

我将它们称作操作系教程，比如，如何制作3D立体效果。在这种教程里，会给你详细地列出每一步操作所需要的参数，你只要把数值设置对了，就能做出和教程一模一样的效果。当然，也有一些复杂的操作系教程，比如，教你如何用 PowerPoint 软件来绘制一位漂亮姑娘的画像，这就需要一定的功夫了，而且一般人做不到，即便你知道如何制作，也不一定有那个耐心。所以，这样的教程，一旦流传出来，基本上可以理解为是创作者的"秀"。

这就是一些所谓PPT教程的现状。但是，如果回到幻灯片的实际用途就会发现，我们并不需要掌握如何用PPT来绘制姑娘的图像，也不需要知道如何用 PPT 来完成很多高难度的作品，我们只需又好又快地完成一场精彩的演示就足够了，我们不需要成为极客。

那么，怎么才能又好又快地完成一场精彩的演示呢？常见的操作系教程能帮你实现这个目的吗？我的答案是，不可以，因为那些教程是教你怎么把 PPT "玩"得更复杂的，与又好又快的目的背道而驰。

在2015年7月的时候，我在知识型问答平台知乎上回答了一个关于"如何让 PowerPoint 幻灯片'高大上'？"的问题，我把平常做 PPT 的思路和经验分享了出来。没想到，一时之间获得赞同无数，我记得写完答案的那天晚上，手机一直在震动，全是点赞的提示音。

这让我有了信心，我知道了大家真正希望看到的教程是这样的，他们更多的是希望学到有经验的人做 PPT 时的思考方式。我觉得这样的教程也许能帮助很多人实现又好又快地完成一场精彩演示的目的。

后来，我辞职了，开了一个微信公众号——旁门左道PPT，成了一个自媒体人。我每天写文章，专门把做 PPT 积累的经验和见解分享出来，希望能帮助到更多的人。

后来有一天，成都道然科技有限责任公司的知名图书策划人跟我聊了一些关于 PPT 教程的问题，虽然我的教程很受欢迎、很有价值，但是有一个缺陷——不系统。因为无论是知乎也好，微信公众号也罢，总归是碎片化学习，间断性吸收，如果能够把我的一些经验出版成书，形成一套完整的PPT学习思维方法论，岂不是更好？

这本书就是这么来的。如果你想看到一些操作系的教程，请不要购买这本书，因为我写的内容，是我长期以来做PPT幻灯片积累的经验，从开始准备PPT内容，一直到PPT完稿，过程中的很多方面都有涉及。希望我的经验能对读者有些启发。

如果你之前还不了解我，可先去知乎搜索"邵云蛟"，或者关注微信公众号"旁门左道PPT"，熟悉一下我的写作思路，也许能够帮你更加明智地做出选择。另外，这本书的出版还获得了阿文、曹将、蒋晖、刘浩、杨臻、曾少贤等各位好友的大力支持，在此表示感谢。

此外，勘误工作得到肖龙仁、赵泽鑫、韩园园、吴彤、张峰瑞、闵惠君、刘凯、刘子阳等朋友的大力支持，在此一并表示感谢。

目录
CONTENTS

第1章 设计幻灯片前的内容梳理 / 1

1.1 文字应该多一点还是少一点 / 2

1.2 幻灯片内容准备的 3 个步骤 / 4
    1.2.1 明确内容表达的逻辑关系 / 4
    1.2.2 通过思维导图构建内容框架 / 6
    1.2.3 采用论据支撑论点的方式填充内容 / 7

1.3 一份完整的幻灯片包含哪些部分 / 9

第2章 幻灯片操作术 / 12

2.1 学会使用快速访问工具栏，提升制作效率 / 13

2.2 关于形状的 4 个不为人知的功能 / 15

2.3 如何让幻灯片中的文字更加美观 / 26
    2.3.1 对大段文字的排版 / 26
    2.3.2 对于一些需要特殊处理的文字 / 31

2.4 想让图片更好地满足幻灯片需要，你应该知道这几点 / 36

2.5 如何在幻灯片中使用特殊字符 / 48
    2.5.1 特殊的标点符号 / 48
    2.5.2 特殊的数学符号或公式 / 49

2.6 音频在幻灯片制作中的两个作用 / 49
    2.6.1 在抒发感情型的演讲中渲染气氛 / 50
    2.6.2 还原对话内容，表现出真实性 / 51

2.7 如何利用视频来增强演示的表现力 / 53

2.8 如何快速调整 PPT 页面中元素的层级关系 / 55

2.9 如何快速实现元素的对齐效果 / 58

2.10　如何快速复制其他元素的特效　/　61

2.11　如何精准地确定元素在页面中的位置关系　/　62

  2.11.1　页面的中轴线　/　62

  2.11.2　智能参考线　/　63

2.12　如何快速地统一页面背景　/　64

2.13　如何选择适合投影屏幕的页面尺寸　/　67

  2.13.1　最常见的两种页面尺寸　/　67

  2.13.2　演讲、发布会常用的页面尺寸　/　68

  2.13.3　页面尺寸修改过程中可能出现的问题　/　70

2.14　如何让页面内容看起来更有条理性　/　72

2.15　写给大家看的 PPT 表格设计指南　/　74

  2.15.1　清除格式　/　76

  2.15.2　规范排版　/　77

  2.15.3　调整线条粗细　/　79

  2.15.4　调整衬底　/　81

第3章　借用动画为PPT演示加分　/　85

3.1　认识幻灯片动画　/　86

  3.1.1　模拟物理世界的动作效果　/　87

  3.1.2　用来吸引观众的注意力　/　88

  3.1.3　动画可以使元素被间隔显示　/　90

  3.1.4　动画使用常犯的 3 个错误　/　94

3.2　动画刷　/　95

第4章　幻灯片设计美化　/　97

4.1　面对不同的幻灯片类型，应如何选择恰当的字体　/　98

  4.1.1　考虑到阅读的需要　/　99

  4.1.2　考虑到排版的需要　/　101

  4.1.3　考虑到场景的需要　/　102

  4.1.4　找对合适字体　/　104

4.2　如何调整出高级感十足的 PPT 渐变色　/　106

4.3　专业的 PPT 设计师如何找图　/　115

目录

4.4 幻灯片背景选择的 4 大原则 / 124
  4.4.1 要确保背景不会阻碍内容传递 / 125
  4.4.2 能跟内容主题相关会更好 / 127
  4.4.3 考虑配色问题 / 127
  4.4.4 考虑演讲的场景 / 128

4.5 PPT 高手和"小白"在图文排版上的差别 / 128
  4.5.1 对齐让版面更清爽 / 130
  4.5.2 对比突出焦点 / 131
  4.5.3 平衡让版式更和谐 / 133

4.6 封面设计的万能公式 / 137

4.7 PPT 高手和"小白"设计图表时,有哪些差别 / 150
  4.7.1 图表美化的三板斧 / 151
  4.7.2 信息图表的运用 / 155

第5章 关于模板 / 160

5.1 这可能是最全的 PPT 模板寻找指南 / 161
  5.1.1 免费模板资源 / 161
  5.1.2 收费模板资源 / 163

5.2 两个不可不知的母版使用技巧 / 163

第6章 幻灯片的多样呈现 / 169

6.1 有哪些需要留意的保存细节 / 170
  6.1.1 嵌入字体 / 170
  6.1.2 导出高清图片 / 171

6.2 如何防止他人修改幻灯片 / 173

6.3 刷爆朋友圈的 H5,如何用 PowerPoint 轻松搞定 / 174
  6.3.1 设计 H5 页面 / 175
  6.3.2 生成滑动式网页 / 176

6.4 如何用 PowerPoint 设计一张海报 / 178

6.5 避免 PPT 演讲时因紧张忘词,你需要知道这个功能 / 179

6.6 如何使用 PowerPoint 来制作视频 / 181

6.7 幻灯片放映时,你可能需要这个工具 / 183

附录A　有哪些软件堪称"神器"，却不为大众所知　／　185

　　神器一：PhotoZoom Pro　／　186
　　神器二：PPTMinimizer　／　187
　　神器三：iSlide　／　187
　　神器四：TAGUL　／　192
　　神器五：CollageIt Pro　／　195
　　神器六：OneKey　／　197
　　神器七：百度H5　／　205
　　神器八：Smallpdf　／　206

附录B　如何搞定全图型PPT　／　207

　　先说第一个，排版能力　／　209
　　再说第二个，配图能力　／　210
　　第三个能力，构图能力　／　211

附录C　哪些网站能够帮你提升PPT设计水平　／　215

　　站酷　／　216
　　UI中国　／　216
　　slidor　／　217
　　dribbble　／　217
　　Reeoo　／　218
　　Muzli　／　218
　　优先浏览平台推荐的优秀作品　／　219
　　养成日常浏览的习惯　／　220
　　尝试简单分析作品的设计思路　／　220

附录D　如何做好PPT演讲　／　222

　　D.1　如何准备PPT　／　223
　　D.2　如何准备演讲　／　235

Chapter 01

第1章
设计幻灯片前的内容梳理

　　开始设计幻灯片之前,你要做的不是打开软件立马执行操作。而是,确定好要做的幻灯片的用途,并且准备所要演示的内容,等等。只有当这些信息确定之后,才可以动手设计。

1.1　文字应该多一点还是少一点

在设计幻灯片之前,我们首先需要考虑的一点,可能就是其应用场景。比如是商业计划路演、重点产品发布、毕业答辩,还是工作总结或者方案汇报等。

可你知道吗?这些虽然都是幻灯片,但由于场景迥异,其最终呈现效果也会发生相应改变。所以,准备做幻灯片之前要考虑的第一件事,就是先明确其应用场景,以避免做完之后再推倒重来。

一般而言,幻灯片可以分为两大类。一类是为了配合演讲使用,比如,国内各家手机厂商发布会使用的幻灯片。

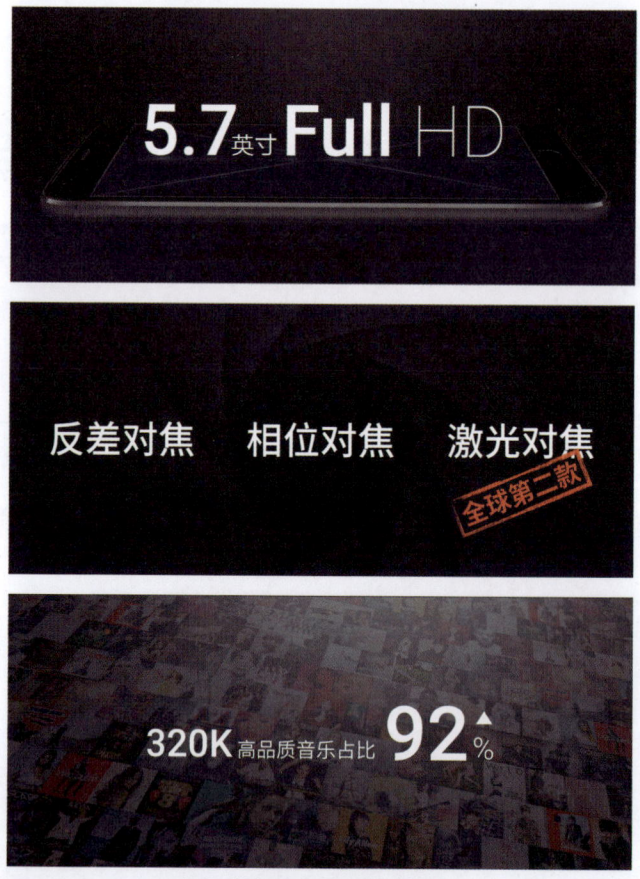

幻灯片来源:某手机发布会

这类幻灯片最显著的特点就是简约,字少图多动画炫。因为在使用这类幻灯片的场合中,观众主要是听人演讲,幻灯片只起到配合演讲的作用,所以,没必要在页面上把内容写得非常详细。

第1章 设计幻灯片前的内容梳理

实际上,如果在演讲型幻灯片上写满密密麻麻的内容,效果反而不好,因为观众直接看幻灯片就够了,还要演讲人干什么,对不对?

除此之外,还有另外一类,主要是为了满足阅读需要,我们称之为阅读型幻灯片,比如,咨询公司的行业分析报告。

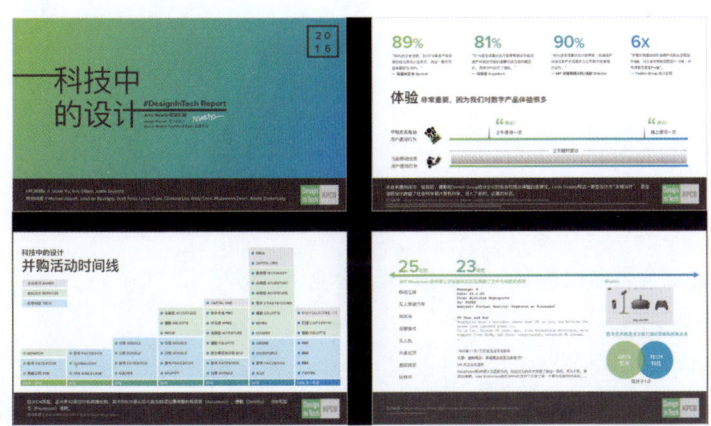

在美观性方面,这类幻灯片可能比不上演讲型幻灯片,这是事实。但这却是由它自身的用途所决定的,如果做成和演讲型幻灯片一样,反而不合适。为什么这么说呢?

要知道,阅读型PPT的主要作用是被当作资料发出去,让别人自行观看。由于没有人来对内容进行讲解,所以就要求页面内容尽可能写得详细一点,能够满足逻辑上的自洽性。否则,别人可能难以理解幻灯片所表达的内容。

给大家举几个例子,看你是否能在没人进行讲解的情况下理解幻灯片所要表达的意思。

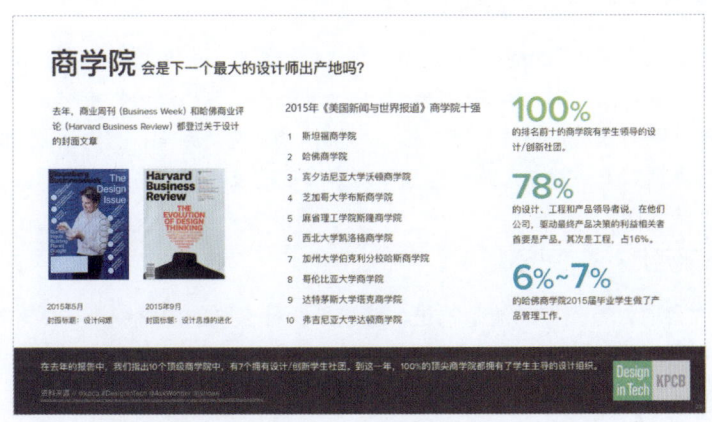

相信即便没有人为你讲解，你也能够轻松地理解幻灯片所要表达的内容。而这就是阅读型的幻灯片。

最后，再啰唆一句，当你在设计幻灯片之前，一定要先明确幻灯片的应用场景，不要把用作演讲的幻灯片做成阅读型的，因为这样会削弱演讲人的价值，也不要把阅读型的幻灯片做成演讲型，这样会导致别人不能理解幻灯片所要表达的内容。

1.2 幻灯片内容准备的3个步骤

内容是一份幻灯片的灵魂所在，是制作幻灯片的过程中，最需要打磨的部分，也是决定一份幻灯片出否出彩的一个关键因素。为什么这么说呢？因为从本质上而言，幻灯片演示无非就是内容的演示，如果内容空泛，逻辑混乱，那么，注定不会是一次成功的演示。

在我们打开PowerPoint之前，首先需要做的，就是理清内容的逻辑关系，包括准备必要的原始材料：文字、数据、图片或者视频等。

那么，我们应该如何来准备内容呢？

迄今为止，我做过上百份幻灯片，也帮别人修改过数百份幻灯片，看过的幻灯片案例不下千份。在这里，我想跟大家说的是，其实，准备内容并不是一件难事，关键在于要掌握一些演示写作的方法。幻灯片写作不是写小说，也不是写剧本，它需要我们能够清晰完整地阐述一件事情。下面就跟大家分享PPT内容准备的技巧，分为三个步骤。

1.2.1 明确内容表达的逻辑关系

在准备内容前，首先要想清楚的是，应该采用什么样的内容编排方式才能让别人理解，或者说才能取得更好的表达效果。

给大家举个例子。

比如，当要向陌生人介绍一款新产品时，我们可能会按照"它是什么，有什么功能，对你有什么好处，价格是多少及如何购买"这样的逻辑进行讲解。同样地，在准备幻灯片内容时，我们也应该先理清表达上的逻辑关系。通常来说，内容的编排方式大概分为两种。

一种是按照顺序的表达方式，通俗点说就是"是什么，为什么，怎么做"。

比如，我们现在准备一个"年终总结"的PPT内容，因为主要是往年成绩的总结，所以，需要先列出具体的成绩（是什么），然后分析为什么会取得这样的成绩（为什么），最后，再说清楚如何基于既有经验进行改进（怎么做）。

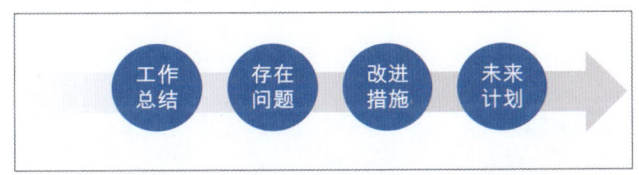

再给大家举个例子，比如，我们现在要准备一份"方案策划"的PPT内容，因为要基于当前的市场环境来制定执行方案，所以，可以采用"是什么，为什么，怎么做"的编排方式。

而对于"毕业答辩"的幻灯片来说，因为也牵扯到因果关系，所以，我们也可以采用这样的内容编排方式。

另一种是按照总分结构的表达方式。

对于这种表达方式，通俗点说就是，一件事情是由几个方面构成的，或者一种结果是由哪几个原因所导致的。

给大家举个例子。比如，当我们准备一份关于企业简介的内容时，考虑到几部分内容之间不存在因果关系，而是并列关系，所以，可以按照以下逻辑来编排内容。

PPT设计思维：教你又好又快搞定幻灯片（第2版）

公司介绍

公司概况	发展状况	公司文化	主要产品	销售业绩
注册时间	发展速度	目标	性能	销售量
注册资本	有何成绩	理念	特色	销售渠道
公司性质	荣誉称号	宗旨	价格	等
技术力量	等	使命	等	
企业规模		愿景		
员工人数		寄语		
员工素质		等		
等				

这就是准备幻灯片内容时要进行的第一步工作，先想好如何进行逻辑表达。

1.2.2 通过思维导图构建内容框架

在确定好内容的表达逻辑后，接下来要做的就是整理思路，把要表达的内容按照一定的框架结构罗列出来，尽量做到内容完整。在这个过程中，可以使用纸和笔，也可以借助思维导图工具（比如，MindManager、XMind等）来辅助整理。以写书为例。为了能够理清思路，在写作之前，我做了这样一张思维导图：

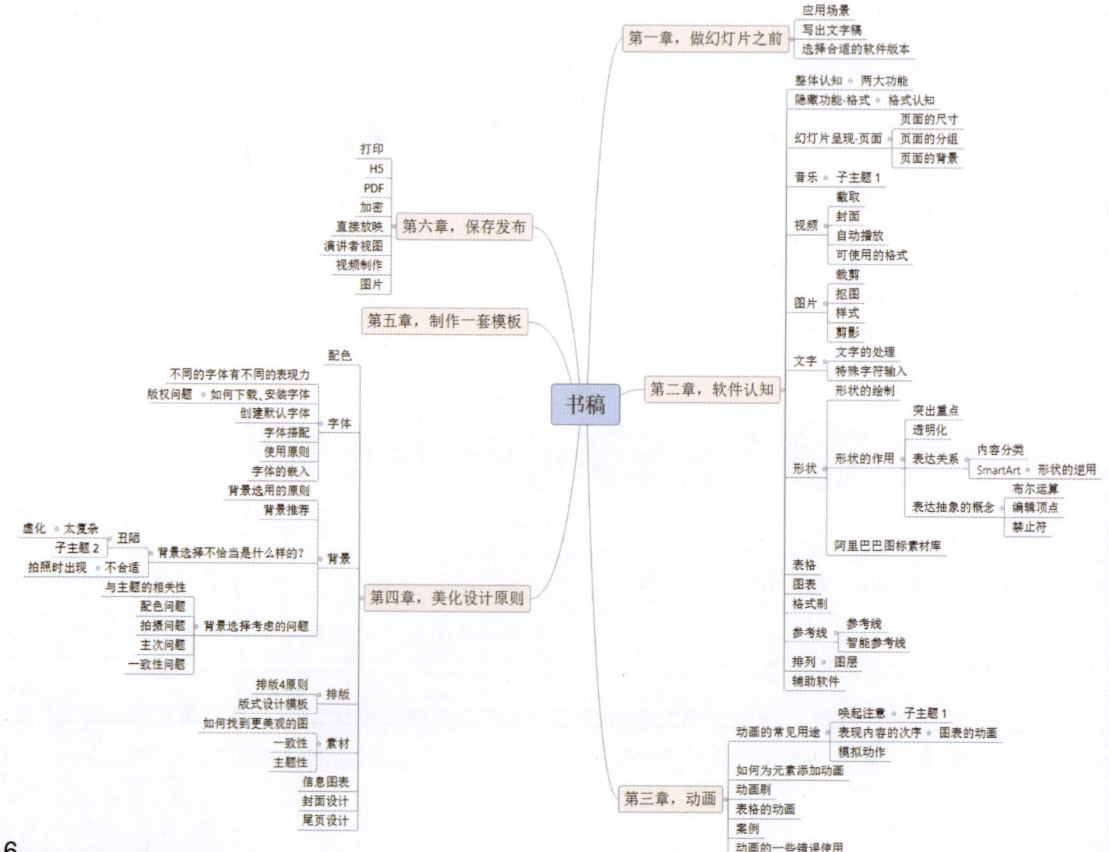

这个做法能让我们从整体上把握内容框架，即便中途需要修改，也可以做到对局部进行调整，从而很好地避免在写作过程中稿件被全部推倒重来的情况发生。

那如何才能利用思维导图搭建一个完整的内容框架呢？

先给大家推荐一款思维导图制作工具，XMind，在其官网可下载软件。

安装完XMind之后，打开软件，界面如下图所示。

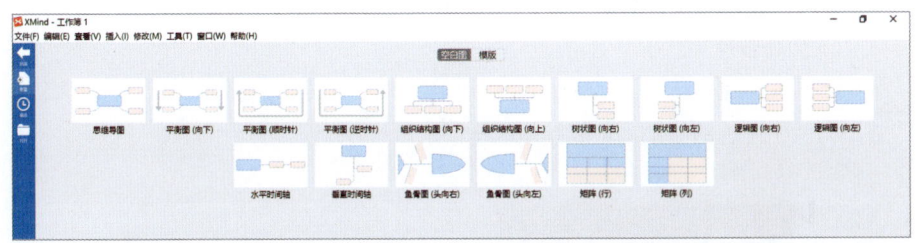

好了，继续回到刚才的问题上，如何才能利用思维导图搭建一个完整的内容框架呢？

在这里，给大家分享一个制作思维导图的技巧，那就是先分类，再列举。什么意思呢？比如，要阐释为什么会产生雾霾这一问题。如果单纯列举原因的话，你可以从汽车尾气、工业品燃烧排放的废气、降水较少及空气中悬浮颗粒物和有机污染物的增加等方面来说，但以这种方式很容易造成某些原因的遗漏。

可以先思考分类，再列举原因。借助思维导图软件，我们可以先从大的方面进行分类，然后在各个分类下，列举可能存在的原因：

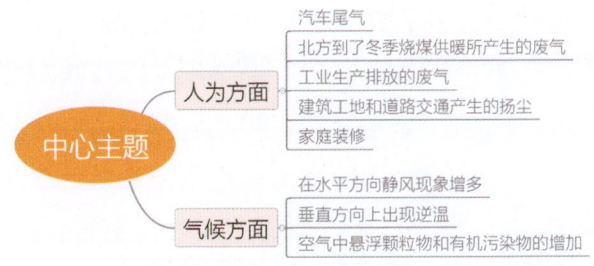

这个技巧可以让你的思维更加缜密和完整，有条理地整理出你所认知的知识层面，从而帮助你搭建一个大概的内容框架。这就是内容准备的第二步，建立起详细的内容框架。

1.2.3 采用论据支撑论点的方式填充内容

什么叫论据支撑论点的方式呢？比如，当我们在表达苹果手机为什么受欢迎这一观点时，通常情况下我们会说：因为什么什么原因，所以苹果手机受欢迎。这种方式的表述比

较符合口头交谈。在幻灯片中我们一般会从论点出发,再列举论据。比如:

苹果手机为什么受欢迎(论点)包含以下原因(论据):

- 苹果的品牌效应
- 乔布斯的名人效应
- 触摸屏的到来
- 合适的价格
- 竞争产品还跟不上步伐
- iOS的独特性
- 优秀的营销

在幻灯片上呈现的结果,可能就是这样:

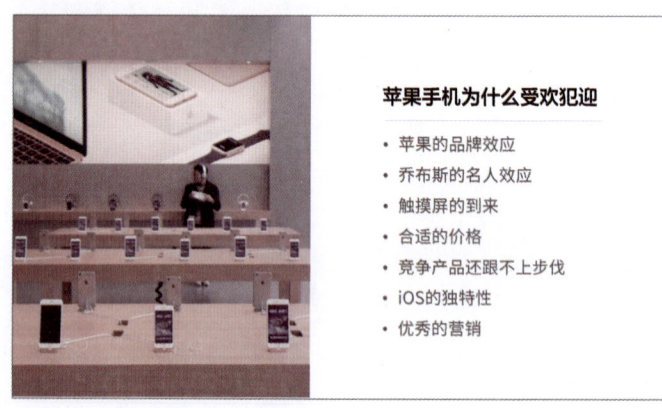

为什么需要用这种方式进行内容填充呢?因为这是根据幻灯片内容展示的特点而选择的结果。通常而言,在一页幻灯片上会包含两部分内容——论点和论据:

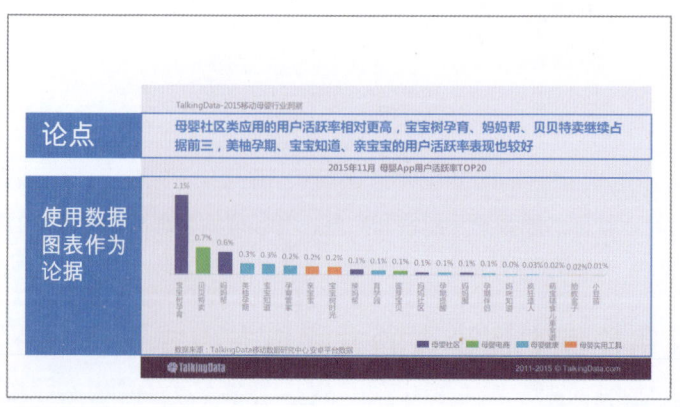

第1章 设计幻灯片前的内容梳理

在内容准备的第二步中,我们把论点全部罗列在页面之后,这时候的幻灯片只是一副"空架子"。为了能让你的观点更有说服力,需要一些论据来支撑你的观点,这些论据通常是:数据、图表、图片或者视频,这就是论据支撑论点式的表达。

比如,我们想要表达"利好的外部环境下移动端母婴行业发展空间广阔"这一论点时,就需要用到PEST模型(《谁说菜鸟不会数据分析(入门篇)》一书中讲解了这个模型),从政策、经济、社会及技术环境这4个方面,来让别人对我们的观点信服。

这就是论据支撑论点的表达方式。当然,如果想让论点具有说服力,就需要找到比较全面而且权威的论据。

以上就是内容准备的三大步骤,再回顾一遍。在准备内容时,首先确定内容表达的逻辑关系,然后建立详细的内容表达框架,最后寻找论据来支撑内容表达。

1.3 一份完整的幻灯片包含哪些部分

一般来说,当幻灯片中的内容过多时,比如超过了10页,为了能够便于别人清晰地把握整套幻灯片的脉络与框架,我们需要利用幻灯片页面来搭建一个完整的内容结构。

一份完整的幻灯片通常包含封面、目录、提示页、内容页及封底这5部分,其中,提示页的数量是由目录的数量所决定的。

什么意思呢?给大家举个例子。下面是一套完整介绍 PowerPoint 2013版功能的幻灯片。它的封面设计非常简洁,只有一句话,"欢迎使用全新的PowerPoint。"。紧随其后的是目录页,从页面中可以看出,这套幻灯片主要是从"登录"、"保存"及"共享"3个方面来讲的。

9

当展示完目录页后,相信已经在观众脑海中大致建立了一个内容介绍的框架,分别要介绍"登录"、"保存"及"共享"这3点。所以,接下来就需要展开讲解各部分的功能。

首先是登录功能,在开始介绍之前,会专门有一张提示页幻灯片,用于告诉观众接下来要讲的是登录部分。随后再去讲与"登录"相关的内容:

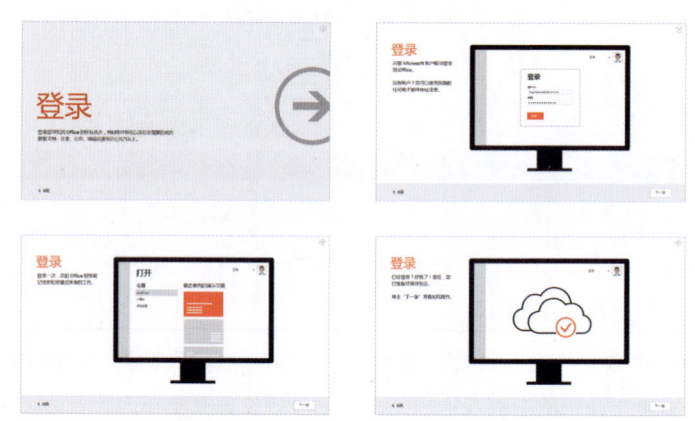

同样,在详细介绍"保存"功能前,也会出现一个提示页面:

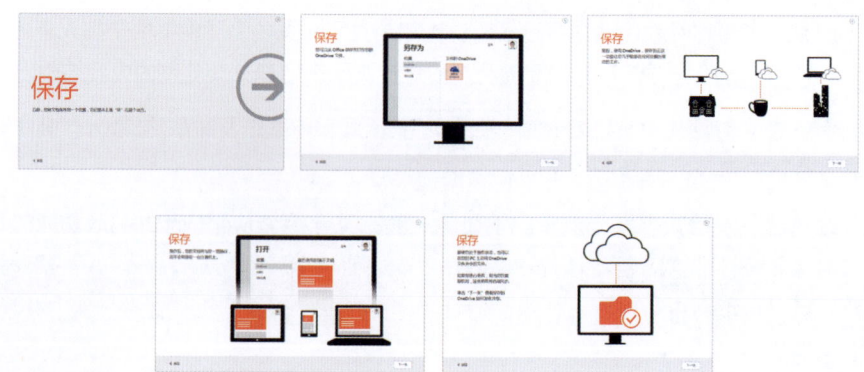

第1章　设计幻灯片前的内容梳理

在"共享"功能前也一样。这样做的好处就是，能够让观众有一个思维上的转换，以避免"不清楚演讲者当前正在介绍哪一部分内容"的问题发生：

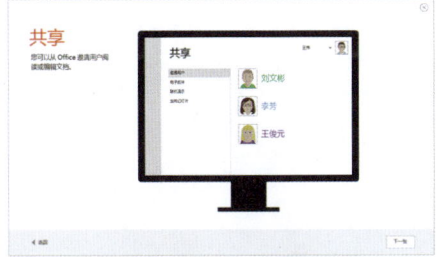

当所有内容介绍完毕后，再来个简洁的收场即可：

这就是幻灯片页面的构成部分。当你在做幻灯片来介绍一些内容时，也可以参考这样的结构，有助于别人轻松地理解你想要表达的东西。

Chapter 02

第2章
幻灯片操作术

当我们准备好所要演示的内容之后，这时候才需要用到 PowerPoint 来制作幻灯片。如果你之前对这款软件不够了解的话，那么可以翻看我在本章中提到的一些操作技巧。

2.1 学会使用快速访问工具栏，提升制作效率

对每一个人来讲，我相信，我们都想高效地完成一份PPT的制作。

那么该如何提升效率呢？其实无非是在以下两个方面努力。

一是在思考层面，减少设计思考的时间。

而这可能需要我们积累很多PPT的版式，或者是总结了很多设计思路，只有这样，才能避免没有设计思路的情况出现。

二是在操作层面，提升操作的效率。

对于提升效率来讲，这是一个比较抽象的概念，那么，关键的问题在于，到底该如何去提升呢？

转换成一个比较具体的问题，那就是减少重复操作。

什么意思呢？比如像下面这种情况，我们需要将三个圆形水平居中对齐：

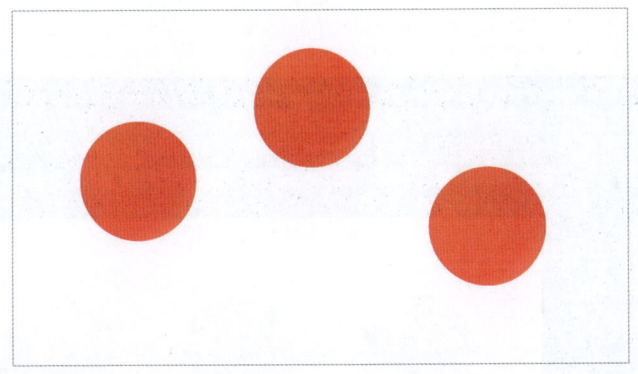

如果按照正常的操作步骤，那么可能需要6个步骤才能完成：

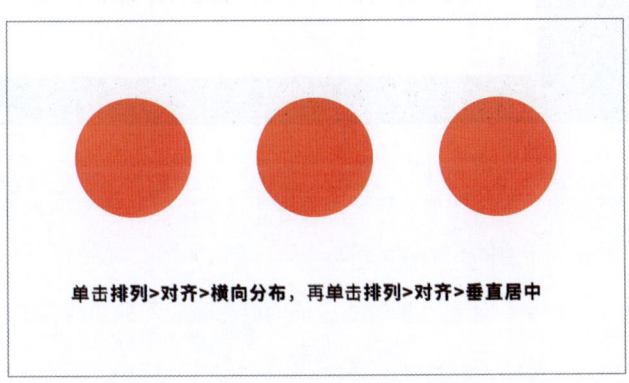

这是常规的操作流程。但在上面的步骤中，有很多重复操作，而关键的操作步骤只有两个：

那该怎么办呢？

我们可以把关键的两个步骤提取出来，放在"快速访问工具栏"中：

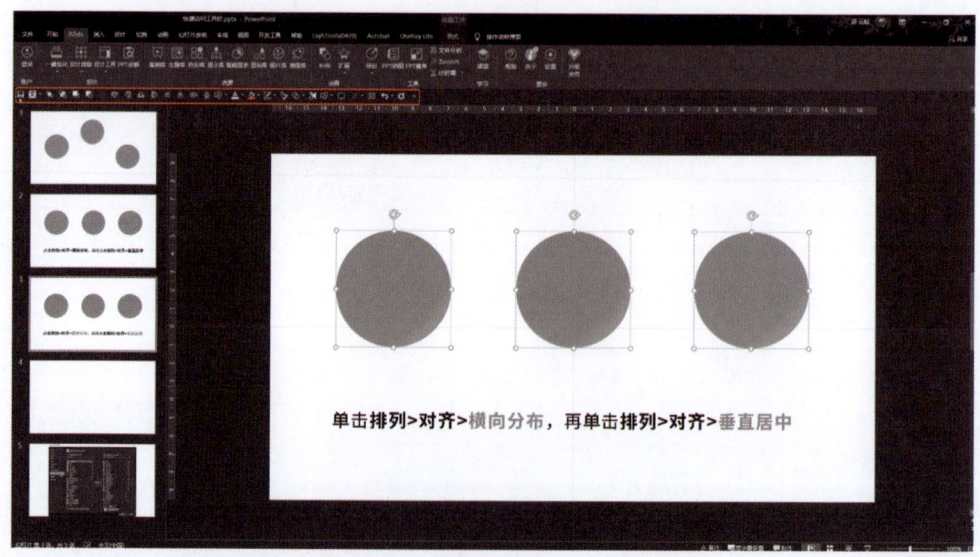

以后，如果再想将这三个圆形水平居中对齐，只需操作两步即可。

这就是"快速访问工具栏"的高效之处。

当然，你也可以把平时使用频率较高，但同时隐藏较深的功能键添加到"快速访问工具栏"中。

第2章　幻灯片操作术

这能够非常有效地帮你提升制作效率。

如果你不知道要把哪些功能添加进去，在这里，我把我的快速访问工具栏分享给你。你可以关注我的微信公众号：**旁门左道PPT**，回复关键词：**快速访问工具栏**，我把我常用的功能分享给你，你可以将它们一键导入你的PPT。

你可以单击"文件>选项"，找到"快速访问工具栏"，单击"导入/导出"，即可实现一键导入：

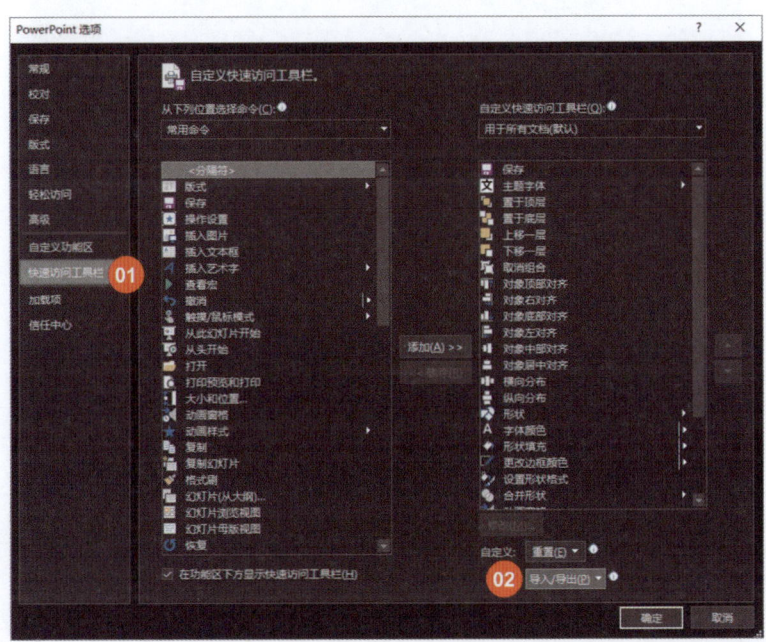

2.2　关于形状的4个不为人知的功能

当你进行PPT设计制作时，肯定离不开的一个元素就是形状。对于很多PPT高手来讲，不用图片，只用一些形状的组合，就可以做出非常美观的PPT。

我之前做过一份PPT，没用一张图片，而是纯形状打造：

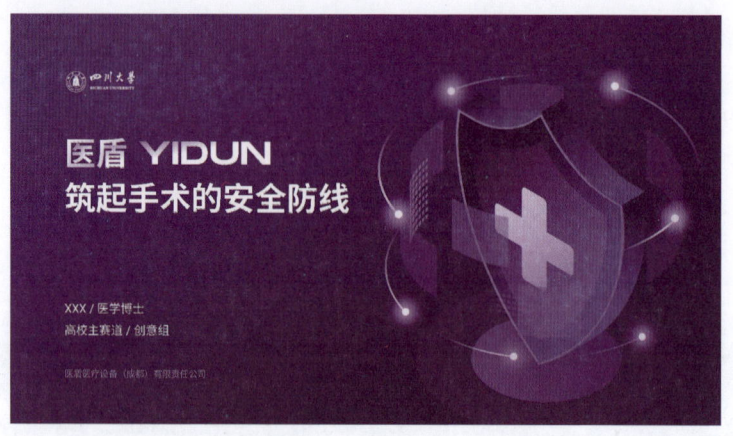

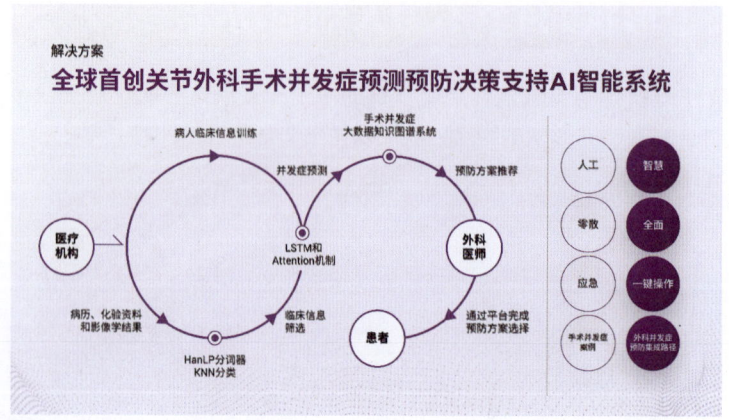

第2章　幻灯片操作术

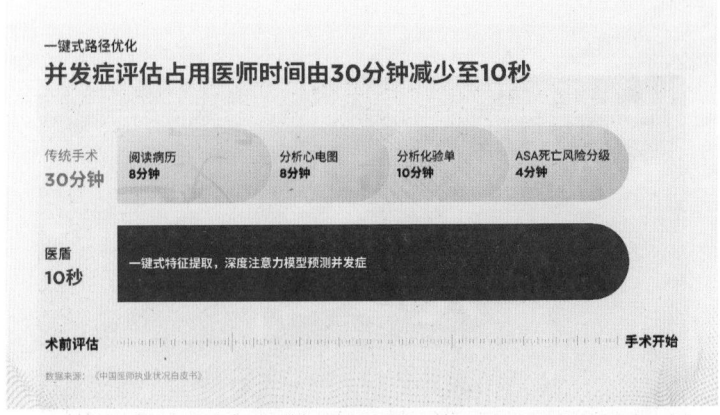

那么，形状在PPT设计中都有哪些用途呢？在回答这个问题之前，我们需要先来简单地了解一下形状。

在这里，我们会看到非常多的形状样式：

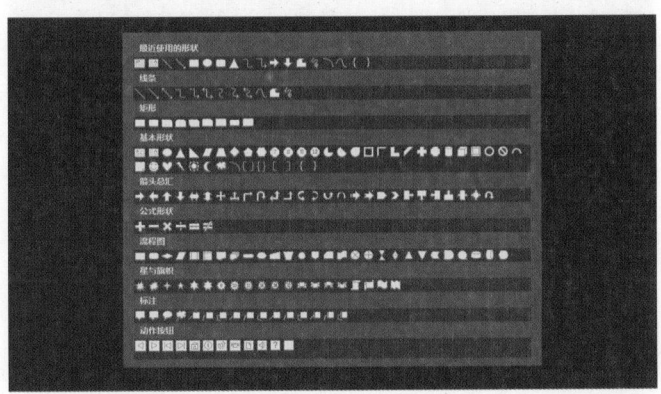

数量虽然很多，但常用的并不多。

比如像这个图形，你觉得它能做什么呢：

用在中国风的PPT设计中，可以作为形状的轮廓，对不对：

再比如这个大括号：

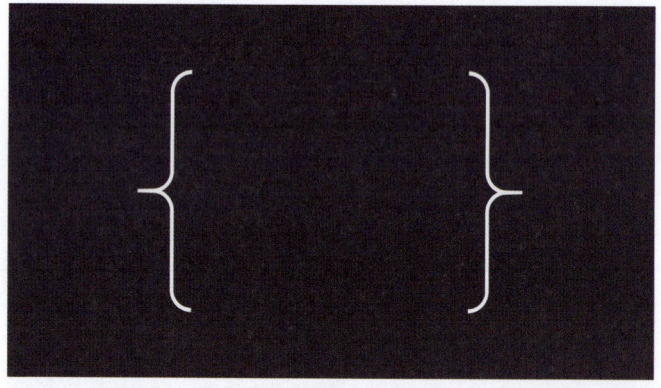

我们在做组织架构图时，是不是可以用到呢：

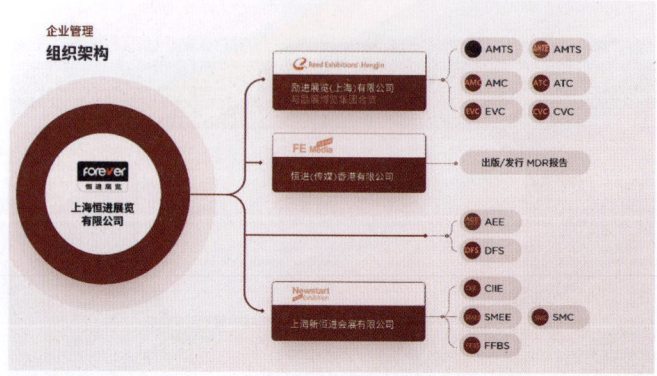

还有很多,各位读者可以逐个动手试一下,以了解它们各自的特征。

当我们了解了这些知识之后,回到刚才的问题上,在PPT设计中,形状到底有什么用途呢?我总结了3个。

1. 降低背景对文字信息的干扰,突出重点

我们在制作封面的时候,当使用一张图片作为背景时,往往会对页面中的文字内容产生干扰:

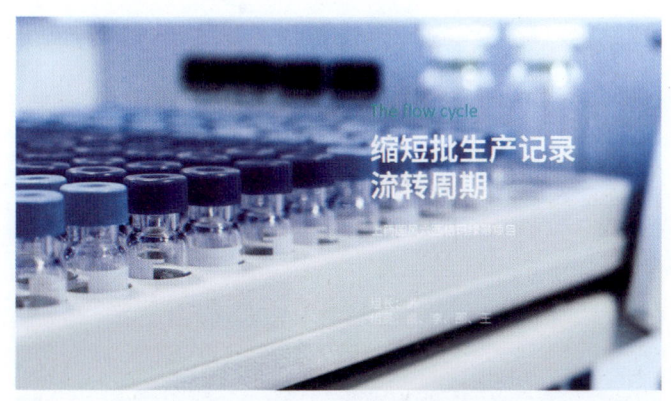

但如果能够插入一个色块,将其放在文字信息的底部,也许是个不错的选择:

当然,我们还可以插入一个全屏的形状,通过调整它的透明度来降低对背景图的干扰。

比如像下面这个页面,现在,文字的颜色与背景色过于接近,导致内容信息看不清楚:

我们可以在图片的上方，添加一个全屏黑色矩形色块，将透明度的值设置为20%：

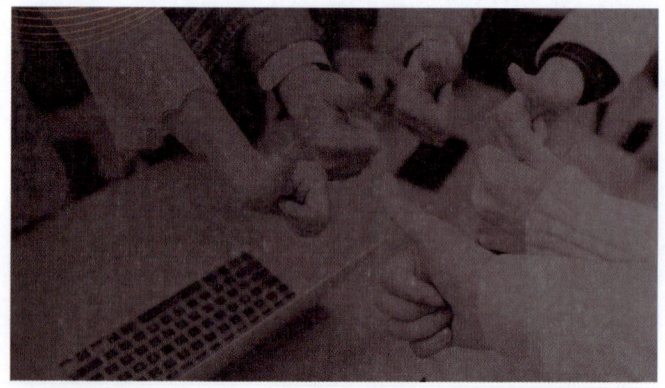

再来看一下页面的效果：

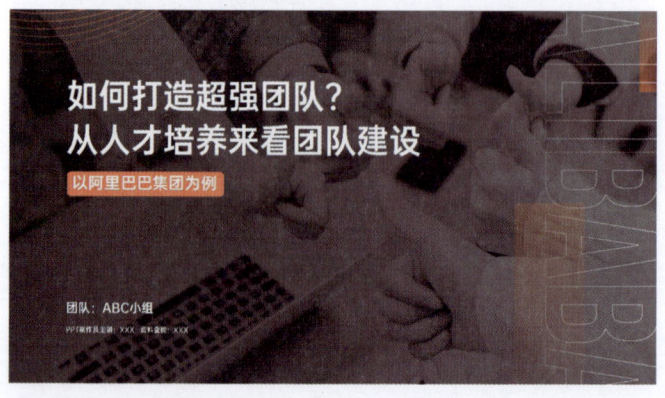

2. 避免空洞单调，丰富页面视觉效果

在浅色背景的PPT上比较适于添加形状。

什么意思呢？当我们把所有的内容放在一张浅色背景的页面上时，页面的视觉效果会略显单调。

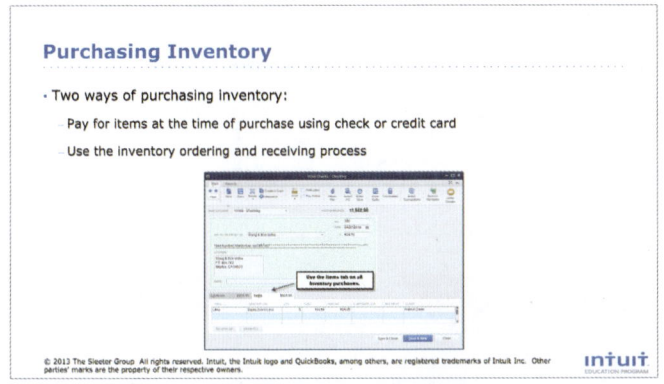

但其实，解决这个问题的方法只需要借用一个色块：

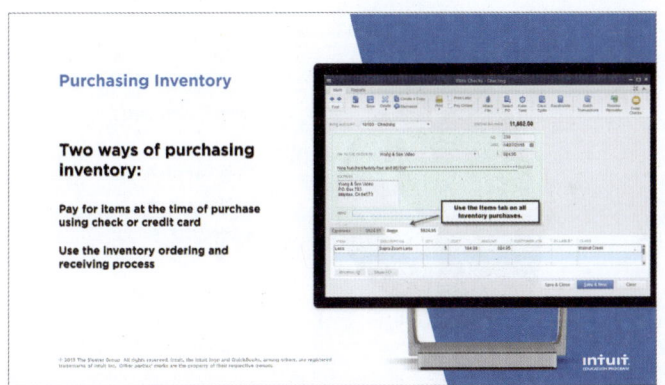

再比如下面这个例子，也是一样的道理：

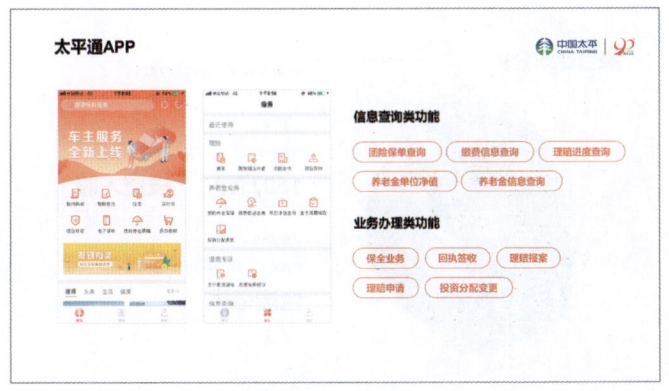

可以加一个半圆的色块：

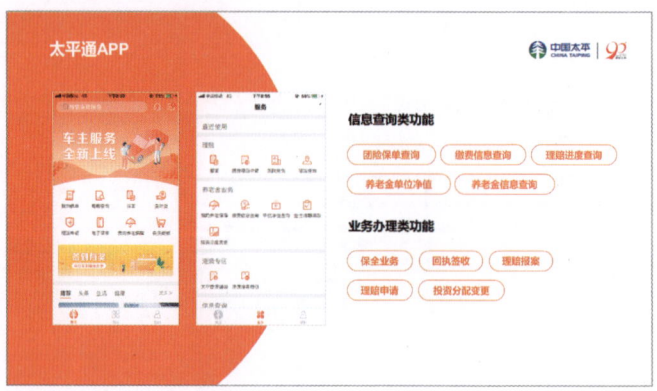

再比如下面这个页面：

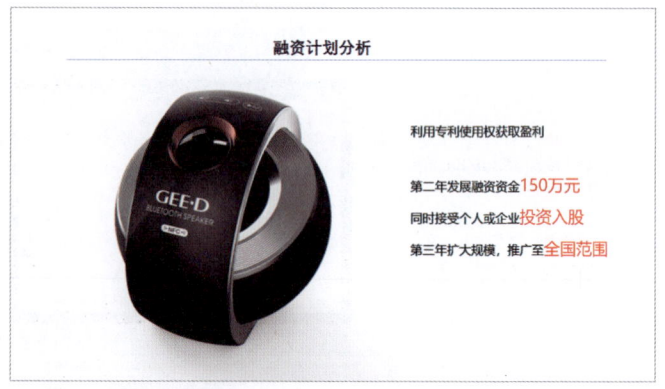

插入一个矩形色块，是不是效果立刻不一样了呢：

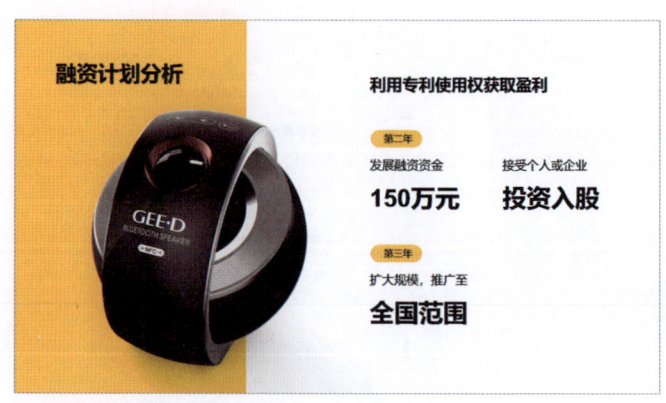

那么，在使用色块时，一般将其放在什么位置呢？

我们的习惯是：按照页面内容的板块进行划分，这样可以很好地起到内容分割的作用。

比如像下面这个页面，这里的信息分为标题、正文及配图，因此，在进行板块分割时，可以考虑把正文和配图放在一起：

也可以把标题和文字放在一起：

当然，你也可以把产品和配图单独摆放：

3. 规整信息，让内容排版变得更整齐

当页面中有一些尺寸不统一的图片，或者字数不等的文字段落时，将它们直接摆放在页面中，看起来会有一种参差不齐的感觉：

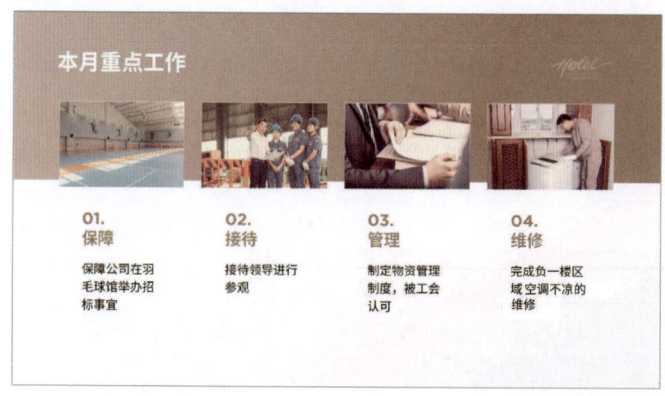

可以使用尺寸一致的色块来承载这些信息，这样就可使页面上的信息变得统一：

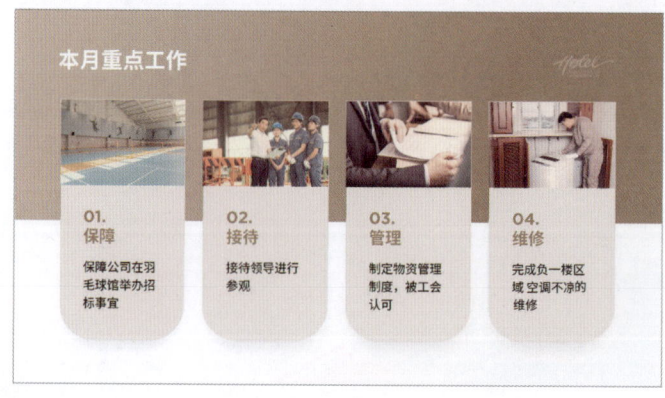

比如下面这个页面，文段的字数有多有少，看起来非常不整齐：

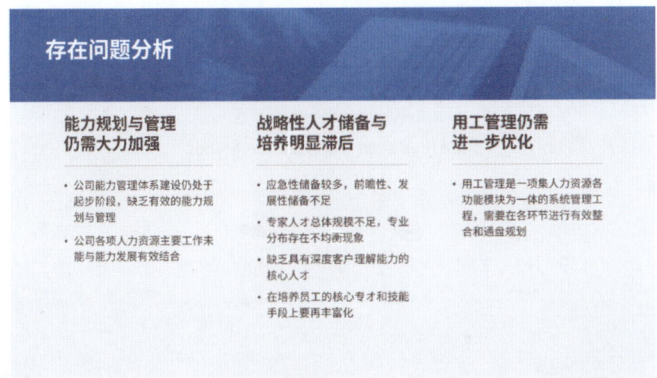

但如果能够添加一个统一尺寸的色块，则能很好地解决这个问题：

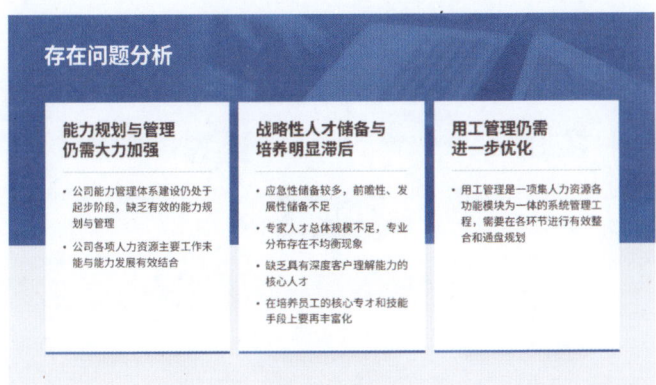

在排版Logo的时候，也可以采用这种方式。可以添加统一的圆形来承载所有的Logo：

如果页面上的Logo的重要程度有所区分，可以对图形的尺寸做一些调整，这样，可更方便地呈现出重点：

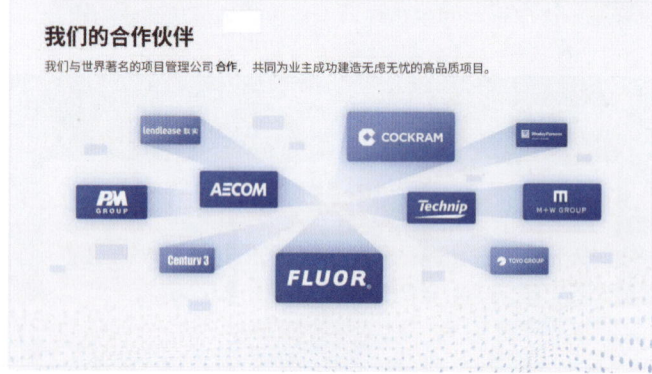

以上就是在进行PPT排版时，关于形状的使用方法。

2.3　如何让幻灯片中的文字更加美观

文字是幻灯片中用得最多的一种元素。为了能够把页面中的文段打磨得更加美观，更具有表现力，让人看起来更加舒服，我们需要掌握文字处理的一些方法。基于对文字使用场景的考虑，我们主要从两个方面来谈文字处理。

2.3.1　对大段文字的排版

在进行PPT设计时，难免会遇到大段文字的排版，这时候可能会出现两种情况：

- 可以对文段删减提炼后，再重新排版。
- 不能删减提炼，只能对文段本身进行处理。

比如像下面这个页面：

如果我们能够进行提炼的话，也许它最终的呈现效果可能会像下面这样：

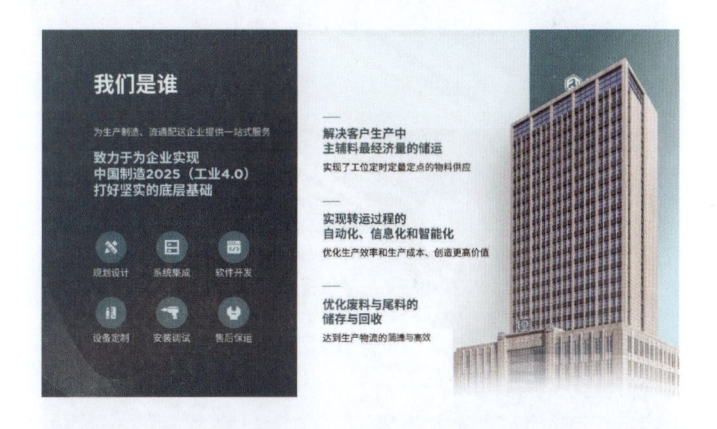

不过，对于这种情况，在这里并不是我们要讨论的重点。

当我们无法对文段进行提炼时，该如何排版，才能让一大段文字呈现得更美观呢？

其实，大家只需要注意4个方面即可。

1. 保持文段两端对齐

对于PPT中文段的呈现，默认的对齐方式为左对齐。这往往会出现的一个问题是，文段的右侧可能会参差不齐：

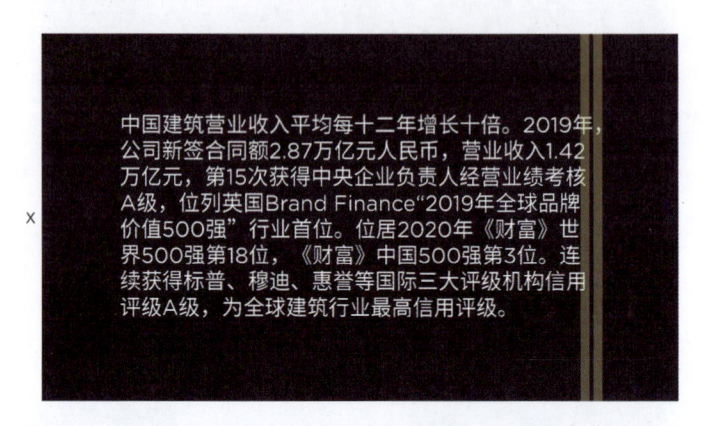

如果将其调整为两端对齐，那么就能够很好地避免这个问题：

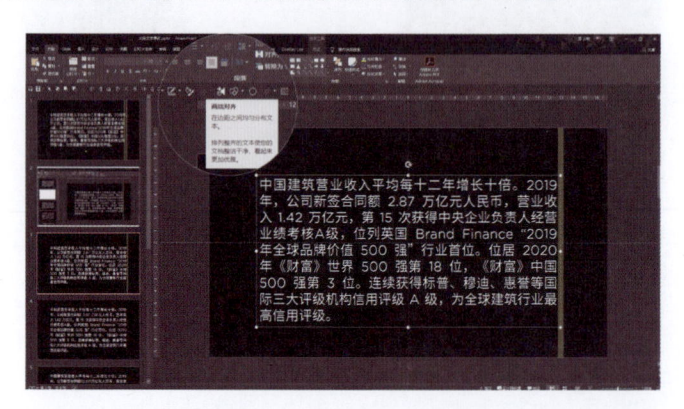

看起来是不是整齐了很多：

2. 调整文段行间距

对于大段的文字来讲，如果行间距过小，看起来会非常拥挤：

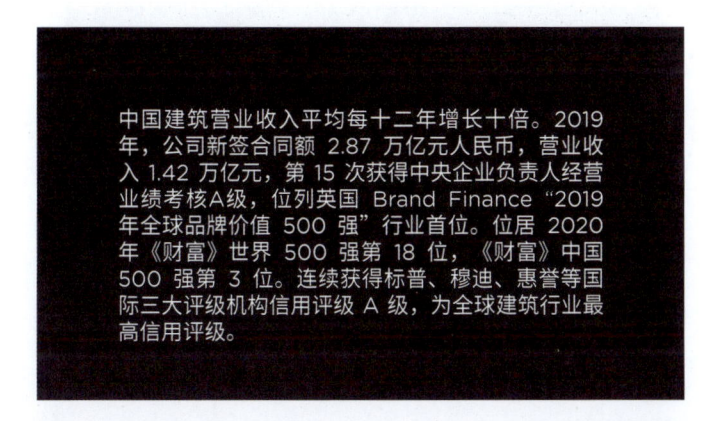

这时，我们需要调整行间距，我个人经常使用的行间距参数为1.2倍：

这样做的好处在于，可以让文段的呈现更有呼吸感，阅读起来更舒服：

3. 中西文混排时，前后空一格

如果在一个文段中同时有中文和英文，那么，应保证在中西文中间空一格：

> 中国建筑营业收入平均每十二年增长十倍。2019 年，公司新签合同额 2.87 万亿元人民币，营业收入 1.42 万亿元，第 15 次获得中央企业负责人经营业绩考核 A 级，位列英国 Brand Finance "2019 年全球品牌价值 500 强"行业首位。位居 2020 年《财富》世界 500 强第 18 位，《财富》中国 500 强第 3 位。连续获得标普、穆迪、惠誉等国际三大评级机构信用评级 A 级，为全球建筑行业最高信用评级。

这是比较规范的做法，大家记住即可。

4. 不要留一个"小尾巴"

这里还有一个细节要注意，当对一大段文字进行排版的时候，在最后一行，不要留下一两个文字：

> 中国建筑的经营业绩遍布国内及海外一百多个国家和地区，业务布局涵盖投资开发（地产开发、建造融资、持有运营）、工程建设（房屋建筑、基础设施建设）、勘察设计、新业务（绿色建造、节能环保、电子商务）等板块。在我国，中国建筑投资建设了90%以上300米以上摩天大楼、3/4重点机场、3/4卫星发射基地、1/3城市综合管廊、1/2核电站，每25个中国人中就有1人使用中国建筑建造的房子。

当真的出现这种情况时，我建议把文本框拉宽或者拉窄：

> 中国建筑的经营业绩遍布国内及海外一百多个国家和地区，业务布局涵盖投资开发（地产开发、建造融资、持有运营）、工程建设（房屋建筑、基础设施建设）、勘察设计、新业务（绿色建造、节能环保、电子商务）等板块。在我国，中国建筑投资建设了 90% 以上 300 米以上摩天大楼、3/4 重点机场、3/4 卫星发射基地、1/3 城市综合管廊、1/2 核电站，每 25 个中国人中就有 1 人使用中国建筑建造的房子。

总之，避免出现"小尾巴"。

2.3.2　对于一些需要特殊处理的文字

有时为了增强文字的表现力,需要让其看起来更有"感觉",比如,金属感、木质感等。这时候,我们就需要对页面中的某几个文字进行处理。比如,想表现出3D立体的感觉,就需要把二维平面的文字处理成三维格式。

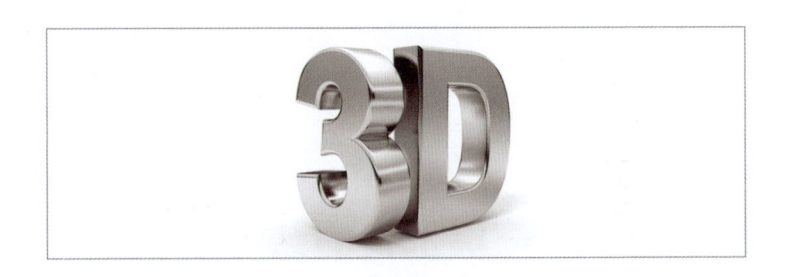

或者要想表现出漫威风格的感觉,就需要将图片和文字拼接在一起。

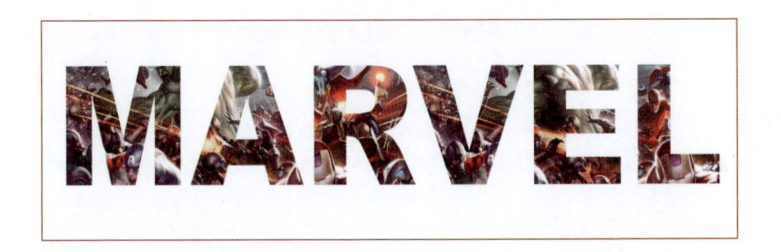

对于这些特殊的文字效果,该怎么进行操作呢?我们可以从两个方面来谈处理方法。

1. 利用图片填充

顾名思义,这一功能的作用就是将图片填充至文字。给大家举个例子,比如,我们想把"一块木板的艺术之旅"这几个字处理成木板效果,使其看起来更有感觉。该怎么操作呢?

Step 1 在页面上写出文字，建议选择一种笔画较粗的字体，否则，可能会看不出木板的纹理效果。

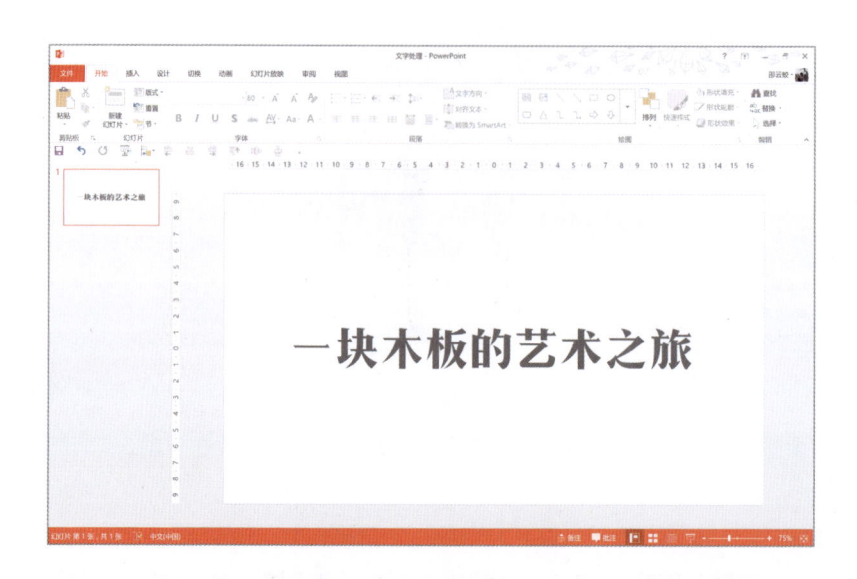

Step 2 选中文字，单击鼠标右键，从快捷菜单中选择"设置文字效果格式"，在界面右侧的"文本填充"选项中选择"图片或纹理填充"，上传相应的图片即可。

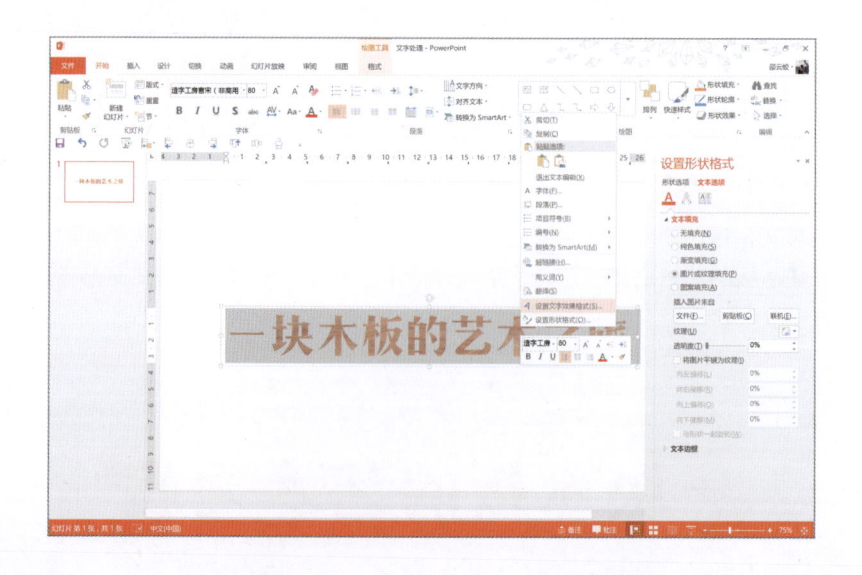

利用这一功能，还可以做出很多好玩的效果。再给大家举两个简单易做的例子。

用一堵破裂的墙表现出"强烈（墙裂）推荐"的感觉：

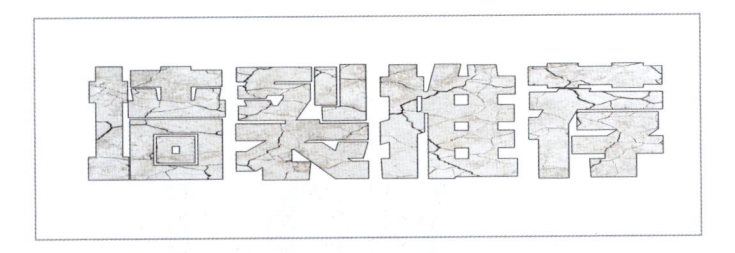

用星空图片表现出 TED 探索知识的奥秘的感觉：

2. 利用三维格式

PowerPoint虽然不是专业的3D 图形处理软件，但它可以轻松搞定一些简单的3D 效果。接下来以下面这张幻灯片为例，给大家演示一下如何将平面文字打造成三维效果。

Step 1　在页面中写下文字，同样，为了能呈现出三维效果，最好选择一种笔画较粗的字体。

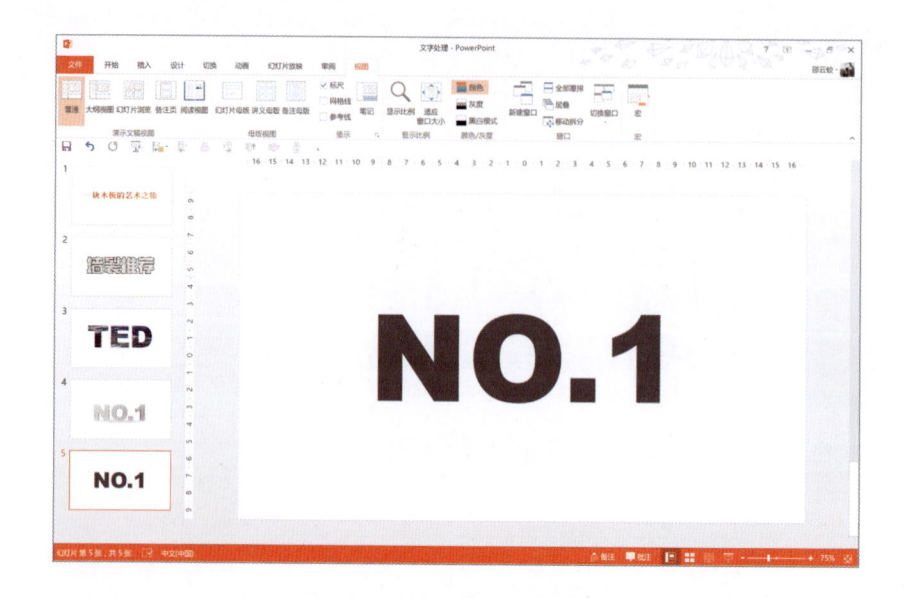

Step 2 选中文字内容，单击鼠标右键，从快捷菜单中选择"设置文字效果格式"，在界面右侧的"文本选项"中，找到"三维旋转"，在预设的格式中，选择"前透视"。接下来，在"三维格式"中，将透视的"深度"设定为"60磅"。这时，文字已经具有了三维效果。

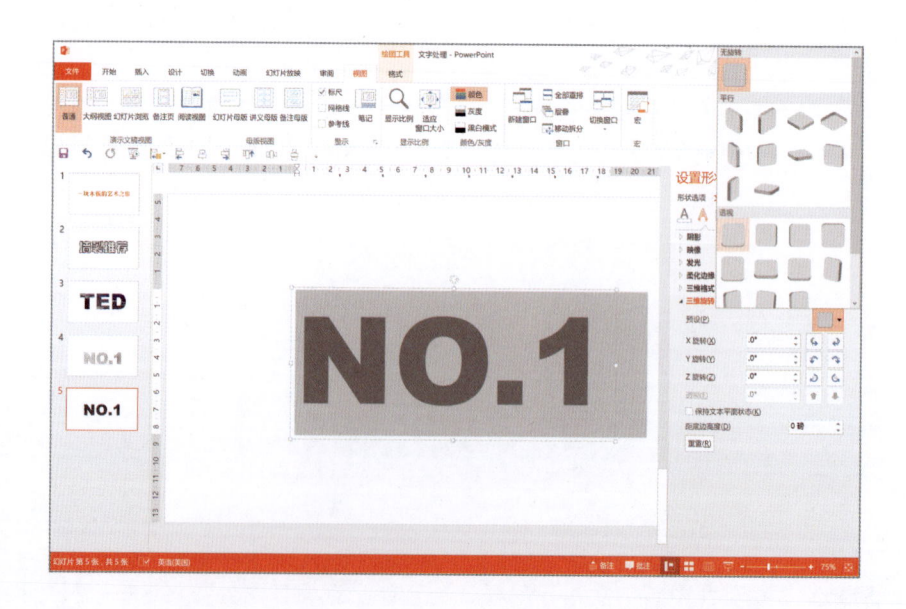

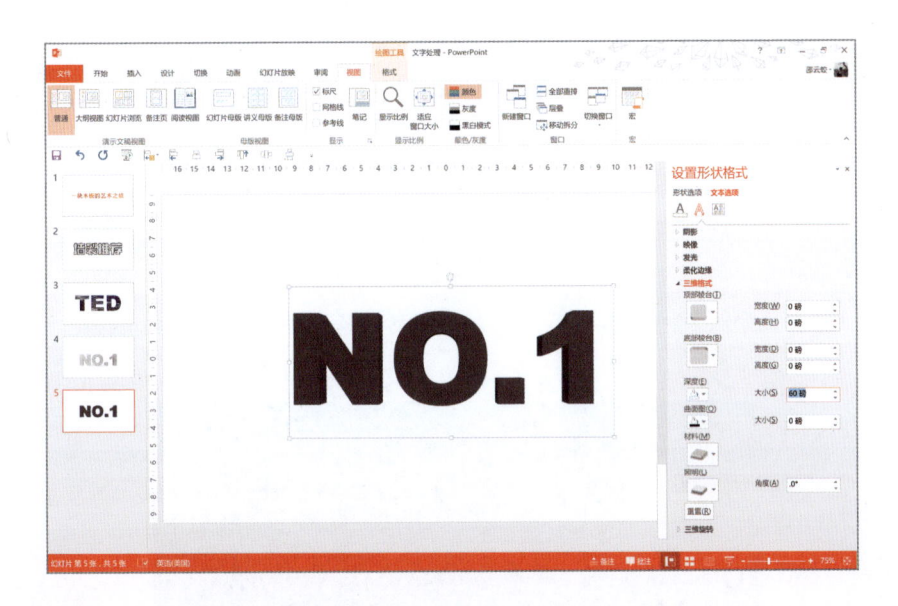

Step 3　为了让文字产生金属质感，选中文字，设定图片填充效果，从网上下载一张具有金属质感的图片进行填充即可。

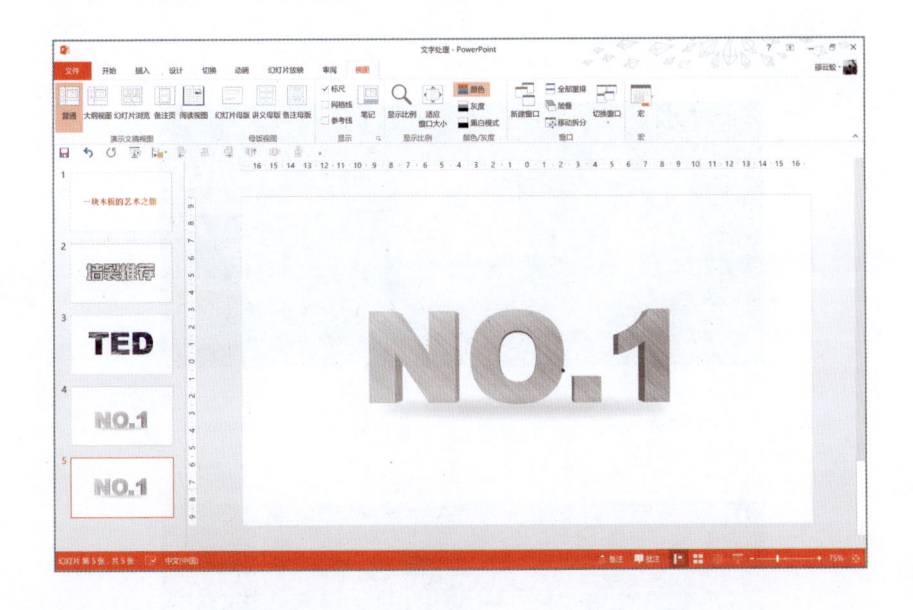

以上就是关于文字处理的一些常用技巧。

2.4　想让图片更好地满足幻灯片需要，你应该知道这几点

图片是幻灯片设计中经常被用到的元素，使用精美的图片能为幻灯片带来不俗的表现效果。但不要忽略一点，好的图片都是处理出来的，未经处理的图片，根本没你看到的那么好看。

给大家举几个例子。比如，为了能使图片铺满全屏，需要对其进行裁剪：

为了使图片在尺寸和色彩上保持一致，需要对其按照一定形状进行裁剪，然后再为其添加统一的滤镜：

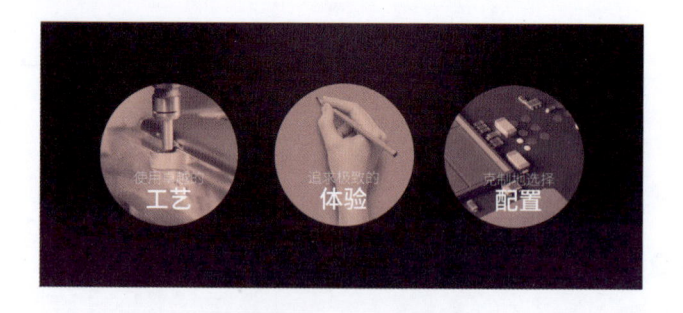

为了使图片产生模糊的效果，需要对其进行虚化处理：

为了设计照片背景墙,需要调整所有图片的尺寸,直至尺寸统一,并且铺满全屏:

为了能够让图片产生立体感,我们要学会抠图,以删除图片底部自带的白色背景:

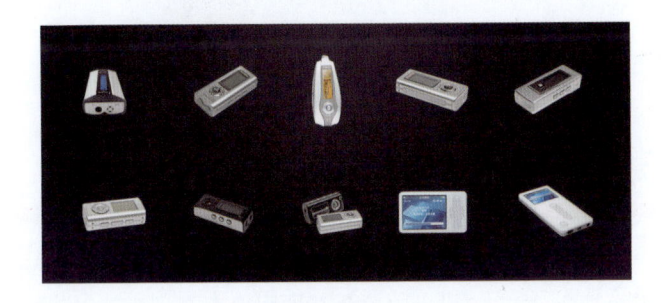

以上图片处理操作是在PPT设计过程中经常使用到的。

提前声明一点,如果纯粹地去讲关于图片处理的功能,未免有点枯燥,我们会结合具体的应用场景,来把图片处理的操作讲出来。

如果能正确回答下面的全部问题,基本可以断言,你已经掌握了关于图片处理的全部功能。

场景2-01　如何在保持下图不变形的情况下,快速地将其处理成可铺满16∶9比例的页面的图片?

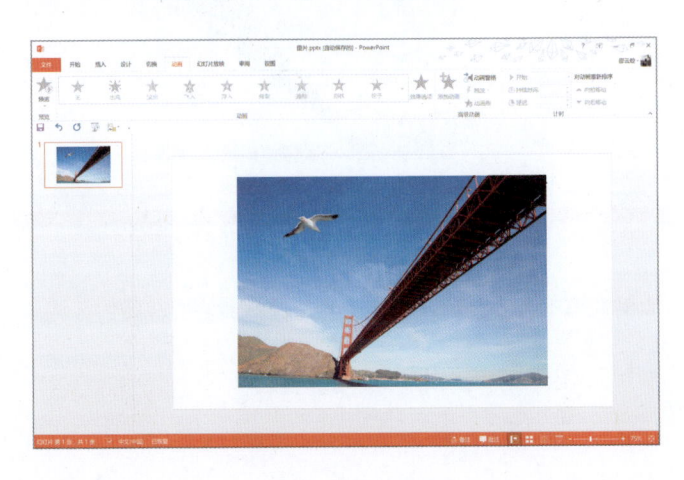

除了以上场景外，我们还经常会碰到一些类似的情况，比如，如何将一张图片处理成4：3的比例？如何将图片处理成等边矩形等，面对这一类问题，处理方法都一样。

Step 1　选中图片，会出现"格式"菜单，在功能区的右侧，单击"裁剪"，选择"纵横比"，可以看到软件提供了一些常见的比例。按照题目要求，选择16：9即可。

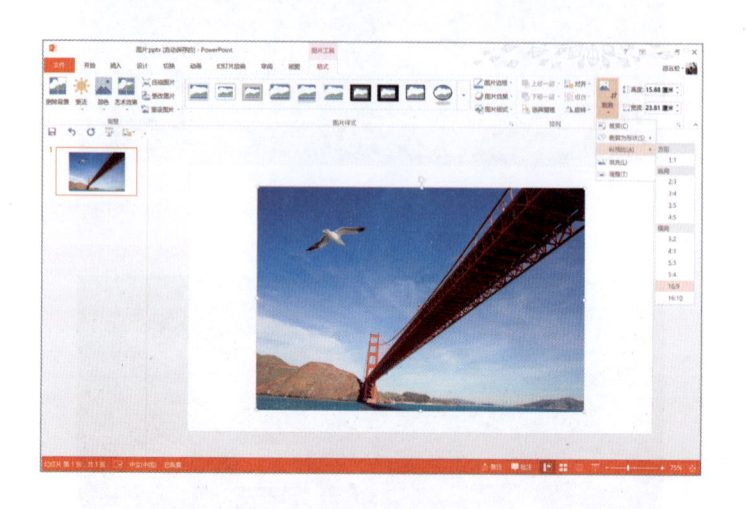

Step 2　系统默认对图片的上下各裁剪掉面积相等的一部分，如果觉得裁剪后的区域比较合适，在页面任意区域单击即可。

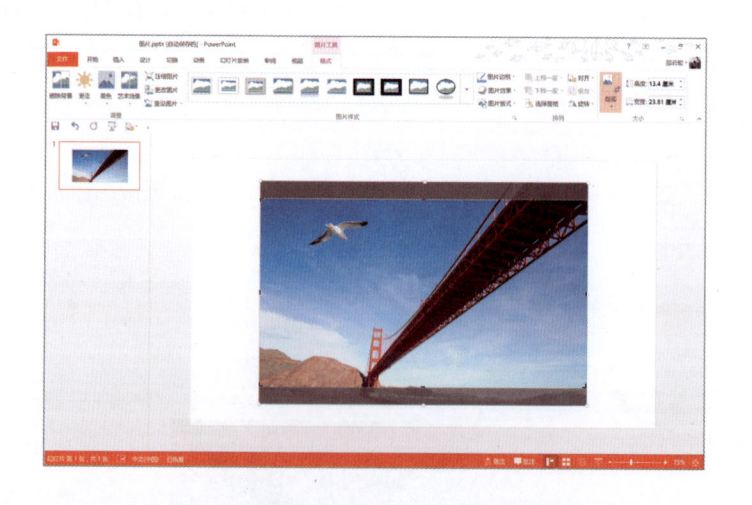

Step 3　如果觉得不合适，可以拖曳图片，自行调整要裁剪的区域。

第2章　幻灯片操作术

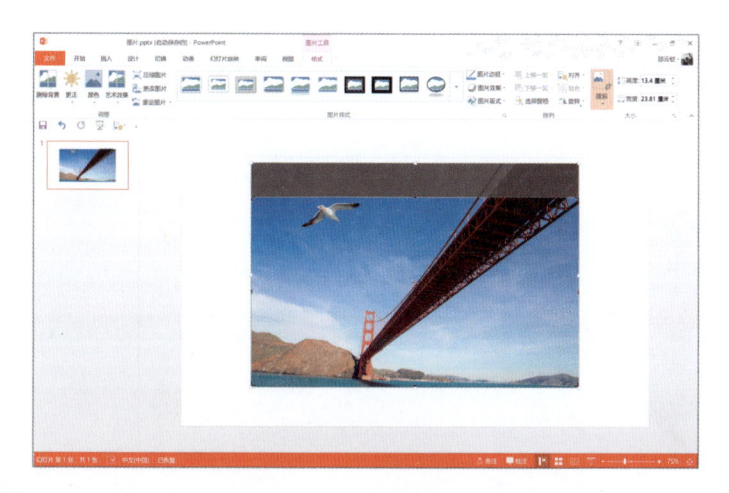

Step 4　拖曳图片4个角中的任何一个，拉至全屏即可。

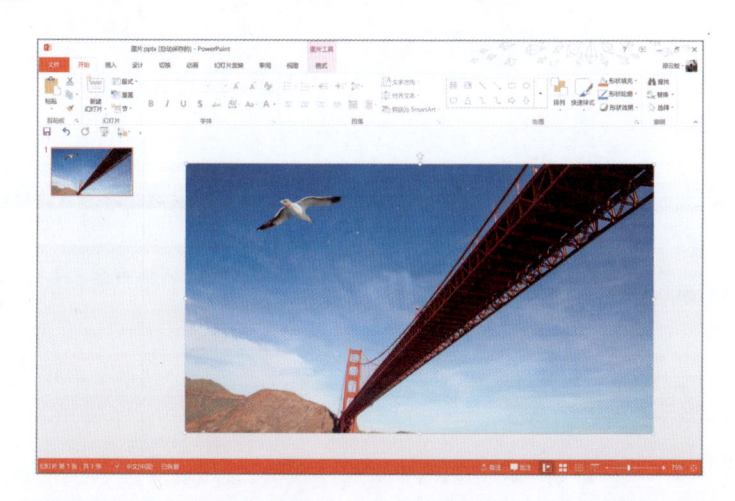

这样，就能保证在图片不变形的情况下，让图片按照特定比例铺满全屏。

场景2-02　如何将以下4张照片处理成直径相等的圆形?

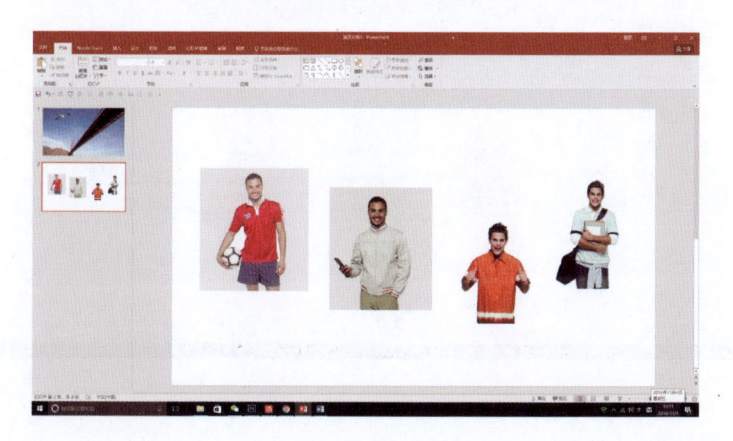

类似的场景还有很多，比如，如何将图片处理成三角形、圆角矩形或者任一既定形状。这些问题的处理方法几乎一样，大致分为两个阶段：将图片处理成圆形，让图片的直径相等。

Step 1　分别选中图片，按照场景2-01中给出的方法，将图片裁剪为1∶1的比例，将其处理成正方形的照片。

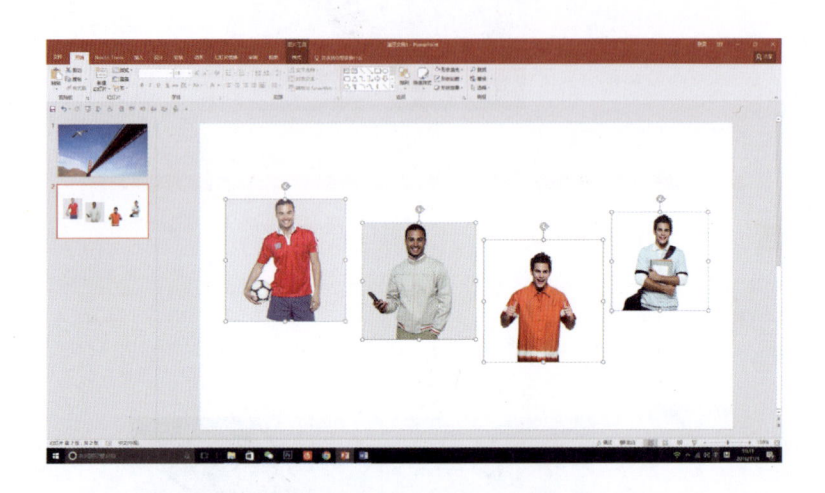

为什么要进行这一步呢？因为在PowerPoint中，如果图片不是正方形的，那么只能裁剪出椭圆形。

Step 2　同时选中裁剪好的图片，单击"裁剪"，选择"裁剪为形状"，找到"基本形状"中的第一个——圆形，单击即可。

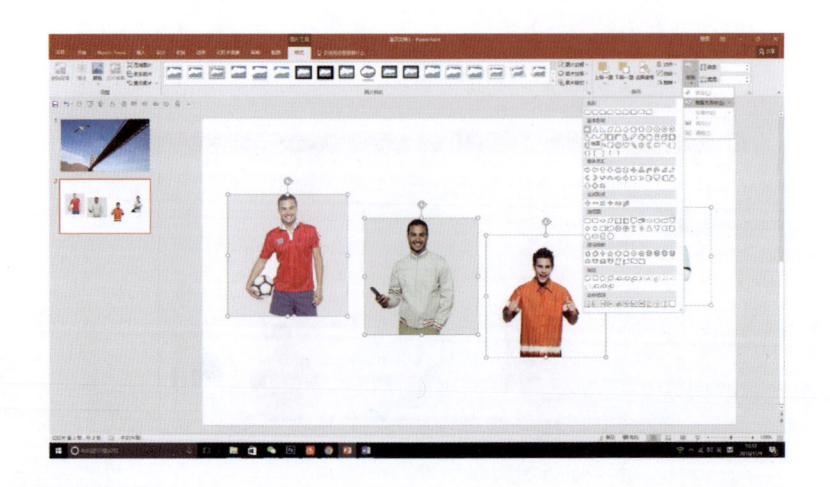

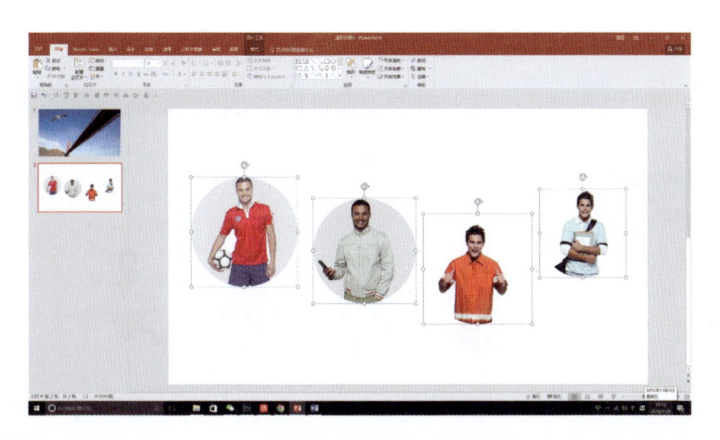

Step 3 选中4张照片,单击"排列",在"对齐"选项中,选择"顶端对齐",将4张照片并列地放在一行。此时我们就可以清晰地看到图片的直径是否相同。

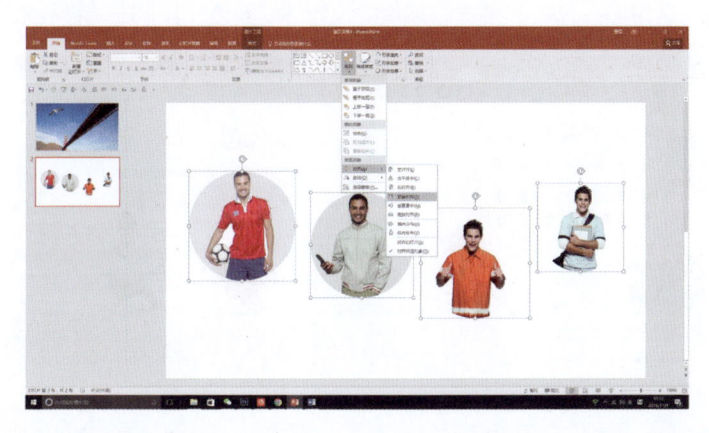

Step 4 很明显可以看到,第3张照片的直径偏大,第4张照片的直径偏小。通过对照片进行拉伸,实现直径相等即可。

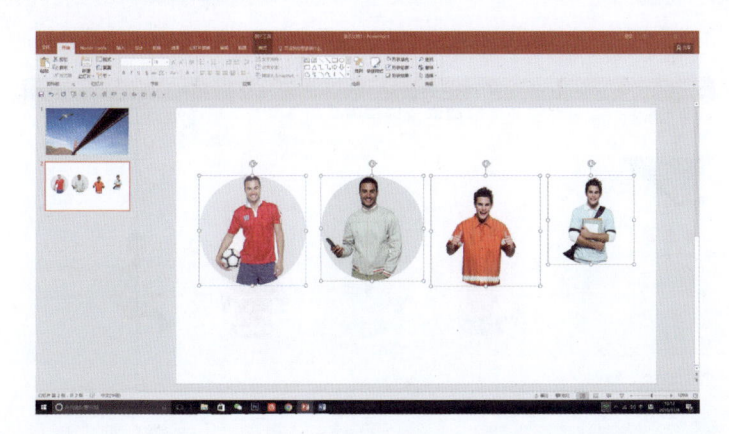

就个人经验来看,经常会遇到将不同尺寸的图片裁剪成同一形状的情况,因为大多数时候,图片的尺寸并不一致,而经过裁剪之后,能够使它们看起来更加整齐统一。

场景2-03 如何去掉场景2-02中左边两张图片的灰色背景，使其变成纯白色？

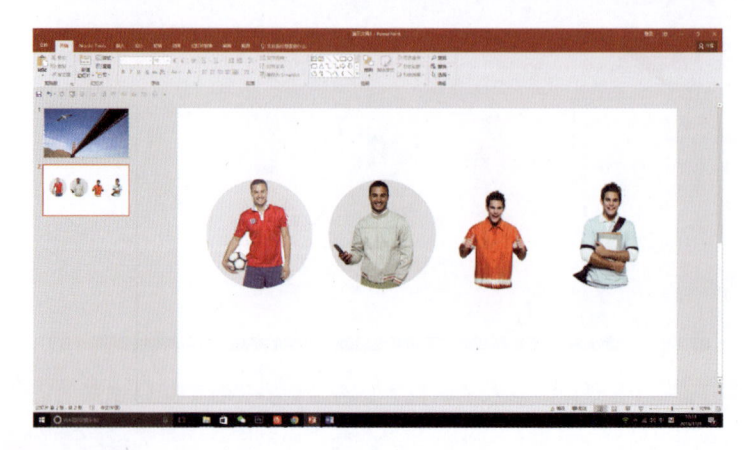

Step 1　选中图片，在"格式"菜单中，找到"颜色"，单击"设置透明色"。

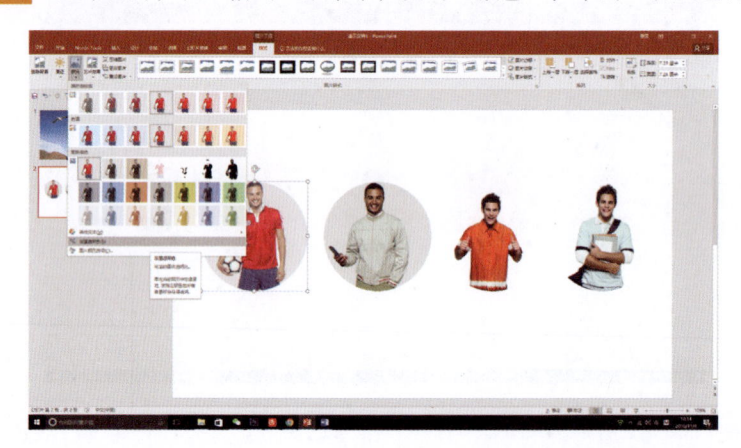

Step 2　将鼠标光标移至图片中的灰色区域，单击一下，即可看到灰色区域被完全去掉。

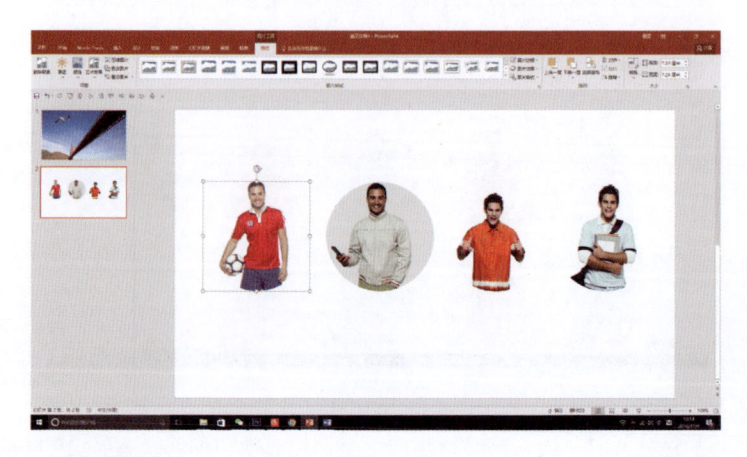

对于背景颜色比较均匀的图片而言，如果想要去除背景，使用设置透明色的方法最为简单有效。而对于背景色复杂一点的图片，则可以使用另外一个去除背景的功能，叫作删除背景。

以左二图为例，操作步骤如下。选中图片，在"格式"菜单中，单击最左侧的"删除背景"。通过标记笔和调整主体部分的框线，界定图片的主体部分，紫色区域即为要删除的部分。当主体部分被完全保留出来时，单击"保存更改"即可。

现在，4张照片全部变成白色背景。为了能够清晰界定照片的边界，可以为其添加灰色边框。

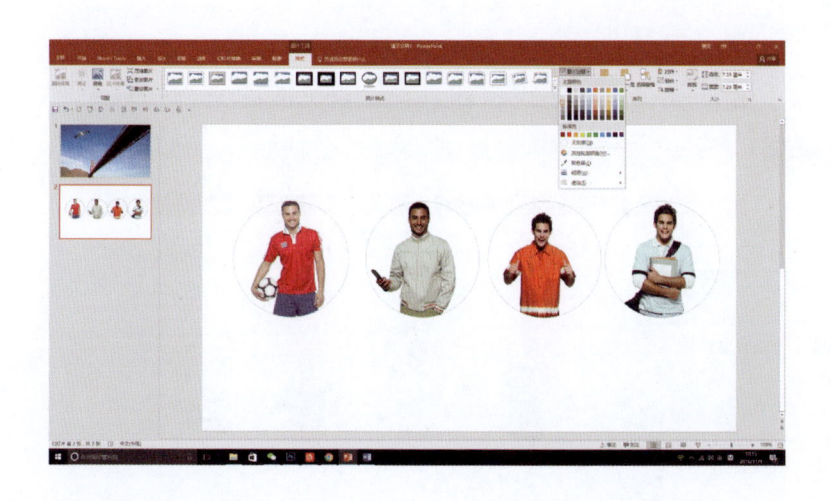

这样就实现了照片背景色的统一。

场景2-04　如何将上一问题中的4张图片全部处理成灰度图？

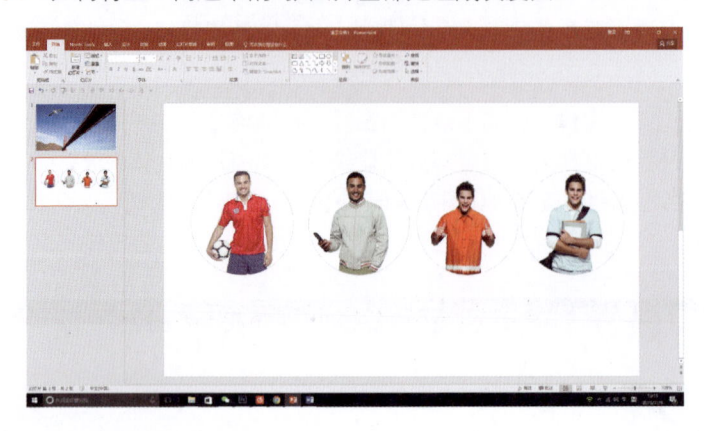

很明显，这一步要做的是，把照片的颜色变得统一，处理的方法类似为照片添加滤镜。

Step 1　同时选中4张照片，在"格式"菜单中，单击"颜色"。可以看到，可以为照片添加很多颜色类型的滤镜，如果没有合适的，还可以单击"其他变体"，设定更多颜色。

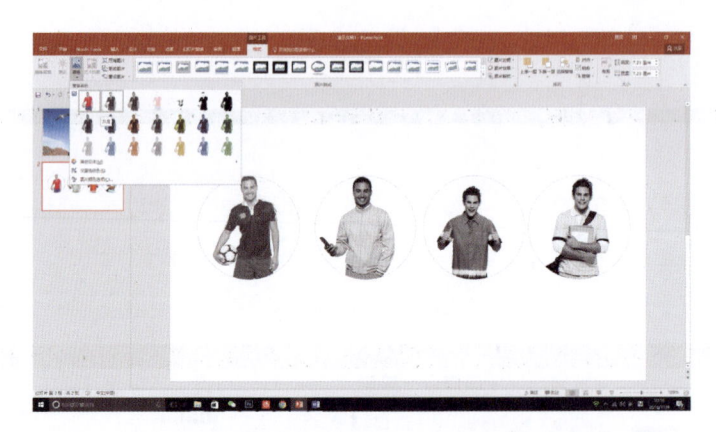

Step 2　在这里，我们只需按照题目要求，为其添加灰色滤镜。

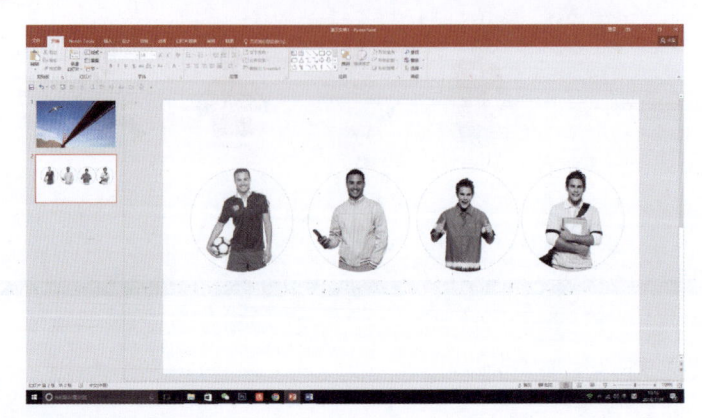

至此，我们实现了对照片尺寸、形状、背景和颜色进行统一，效果非常好。如果现在让你去处理下图所示的这张幻灯片中的图片，你是不是也能轻松地完成任务呢？

场景2-05 如何将下面这张图片处理成模糊效果。

如果使用图片作为幻灯片的背景，经常会遇到一个问题，文字写在图片上面时会看不清楚，可能会造成阅读障碍，怎么办呢？将图片做成模糊的毛玻璃效果会好很多。

Step 1 选中图片，单击鼠标右键，选择"设置图片格式"，在界面右侧出现的设置框中选择"艺术效果"。

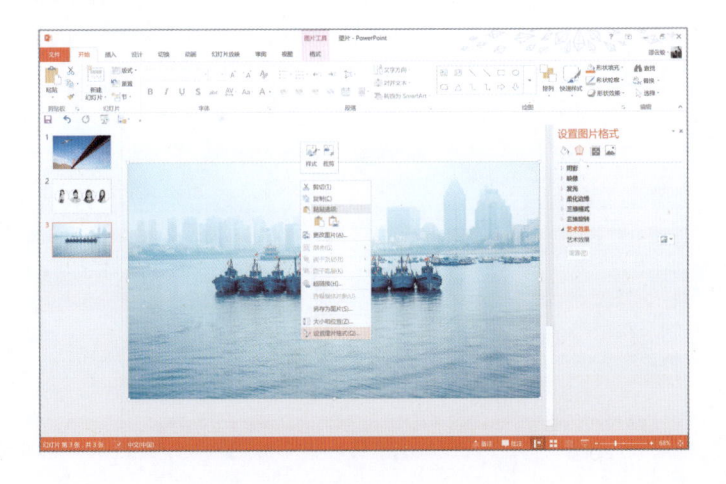

Step 2　在艺术效果中，找到"虚化"，并将其"半径"设置为"90"。

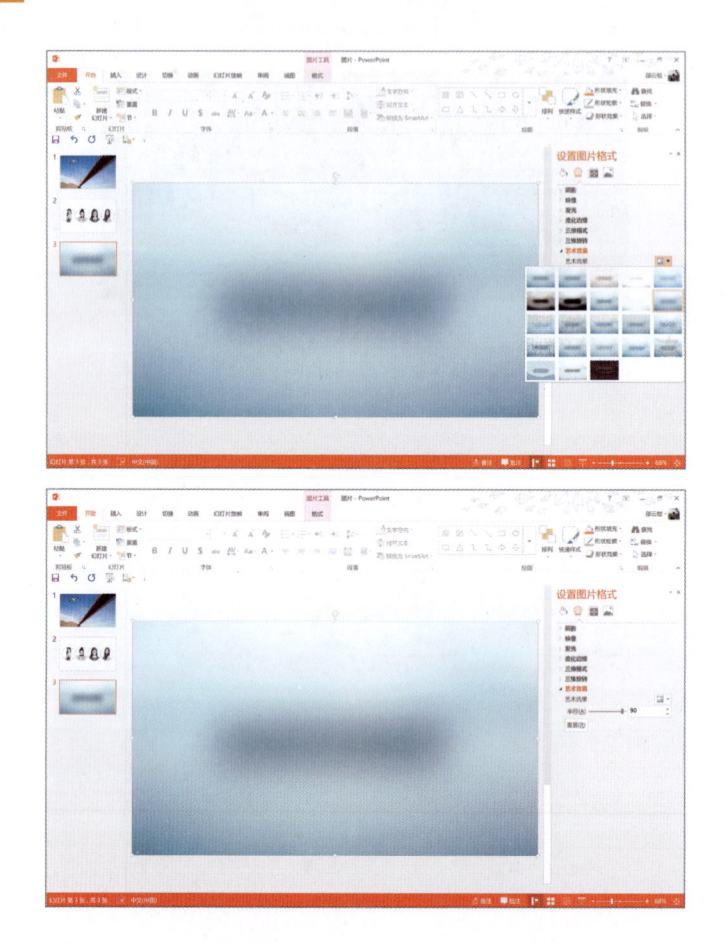

场景2-06　如何为图片添加阴影。

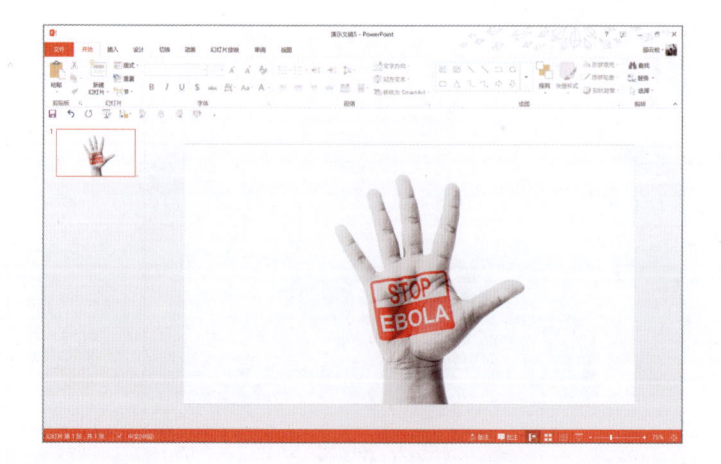

第2章　幻灯片操作术

在幻灯片中，有时需要使用一些有立体感的图片，而为了能让其立体效果看起来更逼真，需要为其添加阴影。

操作步骤如下，选中图片，单击"格式"菜单，在"图片效果"下拉菜单中，选择"阴影"。考虑到这张图片是直立的，为了能让其立体效果更加明显，可以添加"左透视"阴影效果。

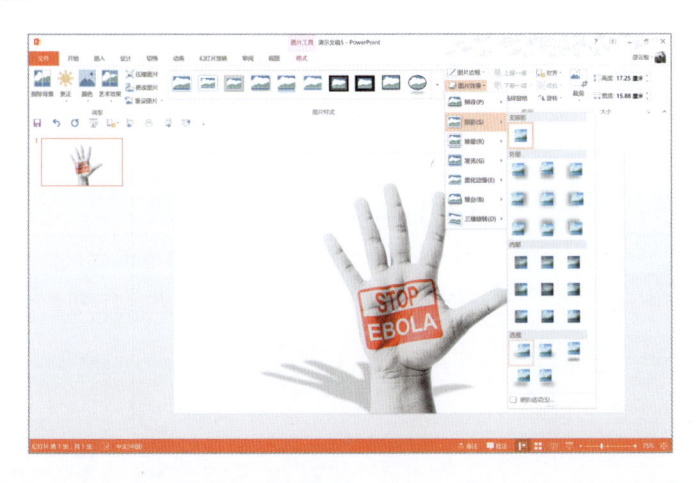

除了上面6个场景中提到的操作技巧之外，我们还可以对图片进行很多方式的处理，在"图片样式"栏中可一键添加，比如下面这些。

但在这里我要提醒你的是，为了使幻灯片看起来更加美观，在为图片添加效果时，一定要注意效果的一致性。也就是说，如果选用了阴影加边框的效果，那么最好给所有图片都添加同样的效果。

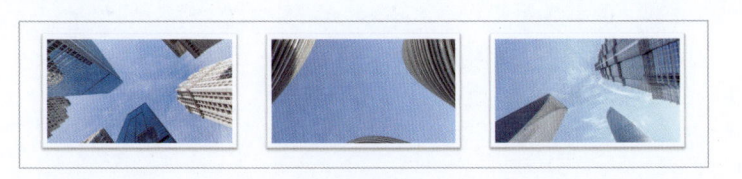

47

以上就是图片处理的一些常用方法。如果你也想处理出美观的图片，这些功能不可不知。

2.5　如何在幻灯片中使用特殊字符

在幻灯片中不仅会使用到常规的文字，有时还需使用特殊的字符，比如，直角引号或者数学公式等。然而，使用键盘并不能输入这些特殊字符，那这时候应该怎么办呢？

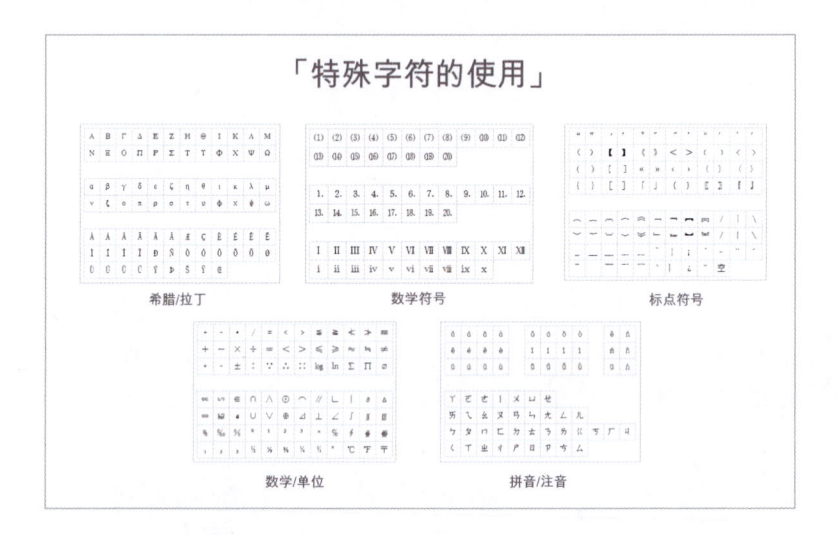

2.5.1　特殊的标点符号

以搜狗输入法为例，给大家做一个演示。比如，我想用直角引号将"旁门左道"4个字特殊标识出来，该怎么做呢？

操作步骤如下，选中文本框，首先将光标移至"旁"字左边，右键单击搜狗输入法的悬浮窗，在"表情&符号"中，找到符号大全，选择"标点符号"，插入直角引号。同理，右半边的直角引号插入方法相同。

2.5.2 特殊的数学符号或公式

对于理工专业的同学或老师而言,经常需要用到一些数学公式。我们都知道,公式一般来说都较复杂,输入起来会比较困难。比如,需要在幻灯片中插入一个"勾股定理"的公式,因为牵扯到平方关系,可能会很费劲。

不过Office软件考虑到了这部分人的需求,所以在软件中内置了公式输入功能。单击"插入"菜单,在"公式"选项中,我们可以看到,软件中自带了很多种数学公式、符号和模板。

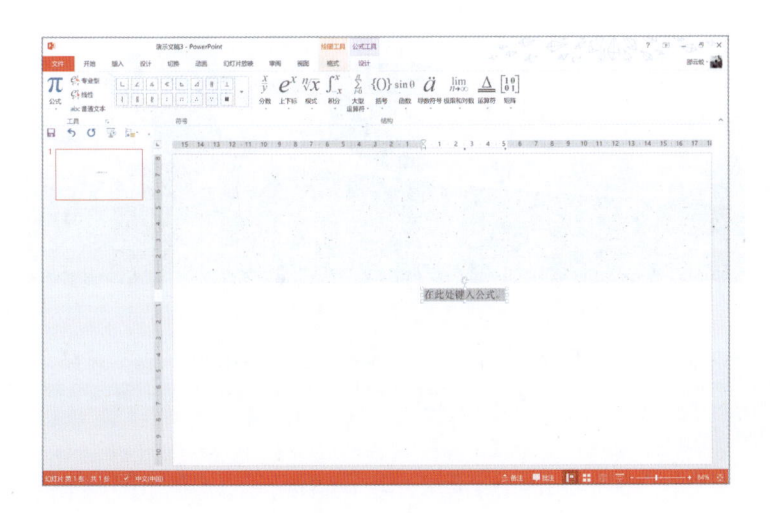

虽然一般读者对这些高深的数学公式代表什么不太理解,但理工专业的读者肯定对这些不陌生。如果在日常的幻灯片制作中,需要用到这些特殊的符号或公式,希望这里的介绍能帮助到你。

$$\sqrt{3} \quad \frac{\pi}{2} \quad \bigcup_{n=1}^{m}(X_n \cap Y_n) \quad f(x) = \begin{cases} -x, & x<0 \\ x, & x \geq 0 \end{cases} \quad \tan\theta = \frac{\sin\theta}{\cos\theta}$$

$$x_{y^2} \quad dx \quad \lim_{n \to \infty}\left(1+\frac{1}{n}\right)^n \quad \xrightarrow{\text{yields}} \quad \frac{-b \pm \sqrt{b^2-4ac}}{2a}$$

2.6 音频在幻灯片制作中的两个作用

对大多数人而言,音频的使用并不是一件频率很高的事,但也存在一定的应用场景，我总结为以下两种。

2.6.1 在抒发感情型的演讲中渲染气氛

为了渲染现场的气氛，让观众能迅速融入演讲主题，使用恰当的音乐是一个非常不错的选择。或者当你需要把幻灯片做成视频时，为了避免别人观看时产生乏味感，可以考虑使用背景音乐。

面对这种情况，通常需要音频能够从始至终式地循环播放，以贯穿整个观看过程。也就是说，当我们打开幻灯片文件进行放映时，音乐就随之播放，并且不间断地播放至结束放映。

设置步骤如下，在页面中插入音频文件之后，在PowerPoint 2013中单击"在后台播放"即可。

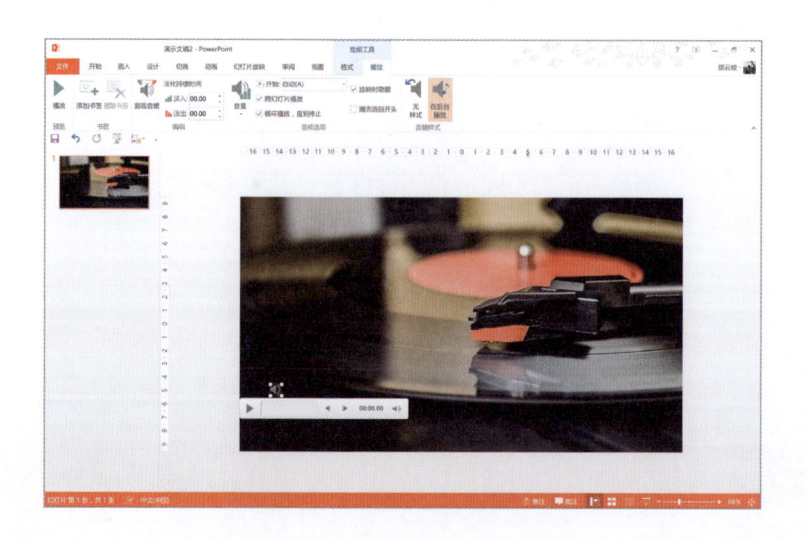

但要注意，作为背景的音乐不要喧宾夺主，最好不要出现具体的歌词，有一个旋律就可以了，使用钢琴曲是不错的选择。另外，还要注意音乐的节奏，如果能够做到声画同步，肯定是最好的，不过这需要在音频选择和处理上多用点心。

PowerPoint提供了对音频文件进行简单处理的功能。如果你对网上下载的音频文件长度不满意，可以使用裁剪功能，通过对开始时间和结束时间进行设置，可截取某一音频片段。

操作步骤如下，选中音频文件，在"播放"菜单中，选择"剪裁音频"，在弹出的对话框中，标记开始和结束时间，单击"确定"按钮即可。

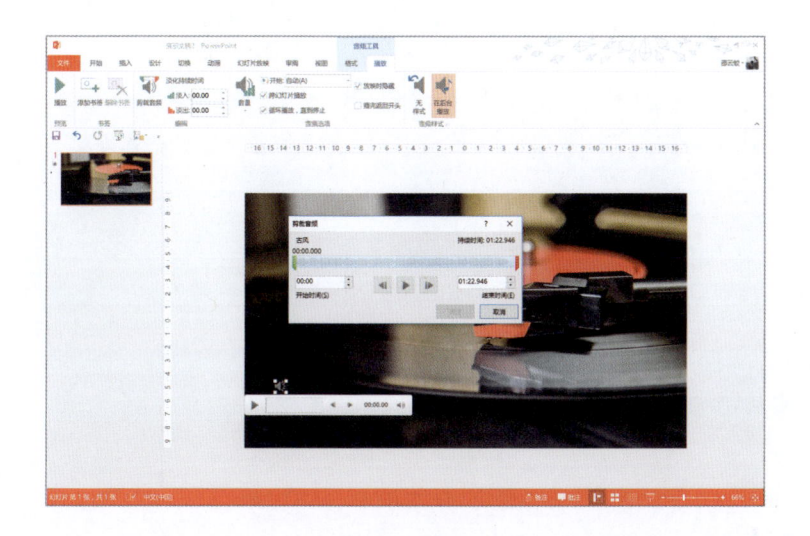

在这里，推荐大家搜索苹果手机历年的产品宣传片，你会发现，所有音频的使用都非常恰当，完美地跟随视频画面的节奏进行变化。

上面说的是第一种音频使用的情况，用来营造气氛。

2.6.2 还原对话内容，表现出真实性

什么意思呢？在这里给大家举一个例子，它来自 TED 的演讲《贫穷的根源》。这张幻灯片播放了一个名叫 VICTIM 的人与 911 话务员通话时的录音，试图百分之百还原当时的通话内容。如果由演讲人转述这段通话内容，效果肯定会大打折扣。

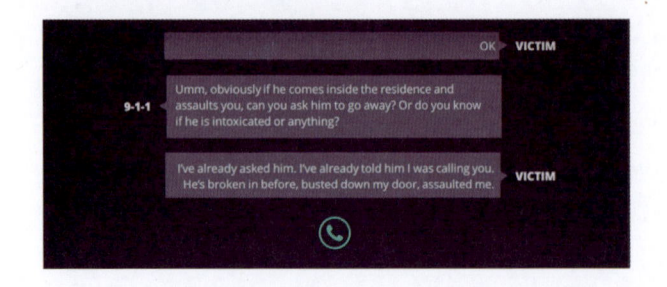

这就是使用原录音的好处。

面对这种情况，要求幻灯片放映到特定页面时，再进行播放。当然，考虑到让别人能够完整地听清楚具体的语音内容，可以在屏幕上写出与语音关联的文字内容，这样会更好一点。

操作步骤如下，选中音频文件，将"开始"方式由"单击时"更改为"自动"，并且勾选"放映时隐藏"，即可实现放映至这个页面时自动播放音频的效果。

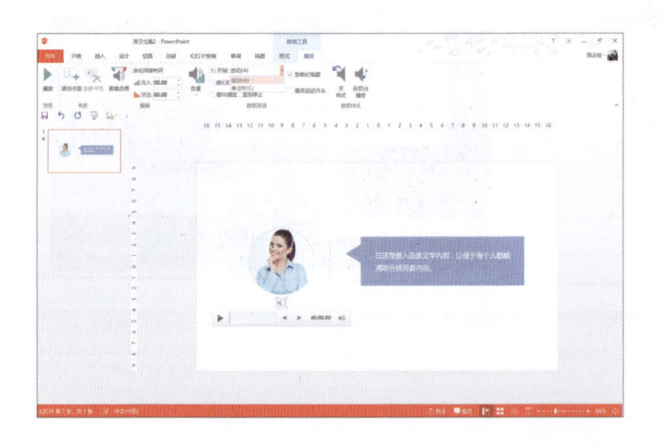

在这里，考虑到一部分读者有使用音频文件的需要，我在这里推荐几个提供音效分享的网站，希望能给这些读者带来一些便利。

资源2-01 爱给网

资源2-02　FindSounds

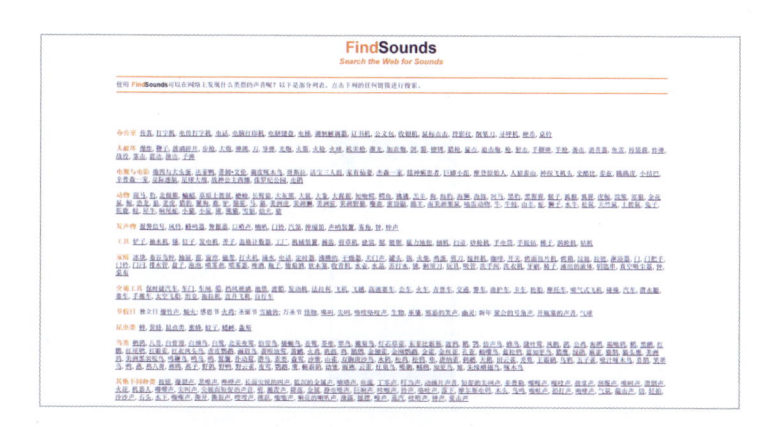

以上就是关于音频使用的一些场景和设置方法。

2.7　如何利用视频来增强演示的表现力

当文字和图片不能动态、直观地描述一个场景时，我们可以考虑使用视频。在幻灯片演示时，配合使用一段恰当的视频来说明一些问题，往往会更具说服力。下面给大家举几个例子。

比如，在Albert Arnold Gore Jr 的公益演讲《难以忽视的真相》中，在说明全球变暖问题引发的一系列自然灾害的问题时，为了说明事态的严重性，他在幻灯片中多处使用了比如洪水、冰川融化等视频。

再比如，当需要向观众演示一些产品功能层面的东西时，由于视频本身的直观性，适量使用视频再恰当不过。

这些都是视频所独有的优点。

但你知道吗，在一场演讲中，根据视频所发挥的作用不同，应被安排在不同的时间点进行播放。

比如，将视频放在演讲前播放，往往是为了奠定演讲的基调。给大家举个例子，比如，在演讲开始前播放一个10秒倒计时的视频，暗示了接下来将有大事发生，值得期待。

试想，如果演讲人只是为了登台朗诵一首诗歌，你觉得有必要搞得这么扣人心弦吗？

而如果视频播放的时间点处于演讲过程中，则通常是为了说明一些具体的问题。比如，为了说明企业文化或者说明一个事实。

以上就是视频的两个作用：一是为了奠定演讲基调，可以用一个视频；二是为了辅助说明一些具体的问题，可以使用多个视频。

PowerPoint中提供的对视频处理的功能和对音频处理的功能几乎一样，在此不展开来讲。如果你想对视频进行处理，建议先使用专业的视频处理软件，比如 Adobe After Effects，提前处理好，之后再插入幻灯片。

2.8　如何快速调整 PPT 页面中元素的层级关系

当幻灯片页面中的元素出现重叠关系时，为了调整其层次关系，我们需要了解图层的概念。

什么是图层呢？给大家举个例子。比如下面这个禁止广告的符号，如果要描述其中的位置关系，我们会说，禁止符在字母的上面，或者说字母在禁止符号的下面。而这种元素间的上下关系，就是我要说的图层。

每次在幻灯片中插入的元素都会形成一个图层，按照元素插入的先后顺序进行层级

排列,最先插入的元素位于最底层。

如果想调整元素之间的层次关系,该怎么操作呢,在这里分两种情况来说。

先说第一种,当页面中的层级关系较少时。

假如要在一个类似纸张的形状上写上一段王小波的语录,但由于我们是先插入的文字,后插入的形状,导致形状覆盖在了文字上方。

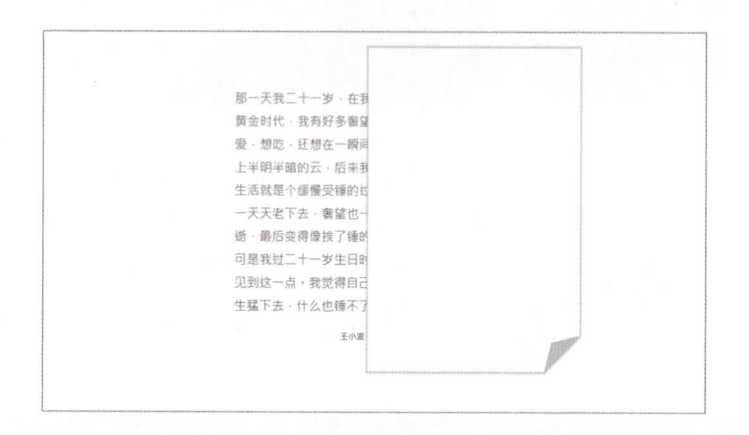

要想把文字调整至纸张的上方,应该怎么做呢?

操作步骤如下,选中纸张形状,单击鼠标右键,从弹出的快捷菜单中选择"置于底层"。

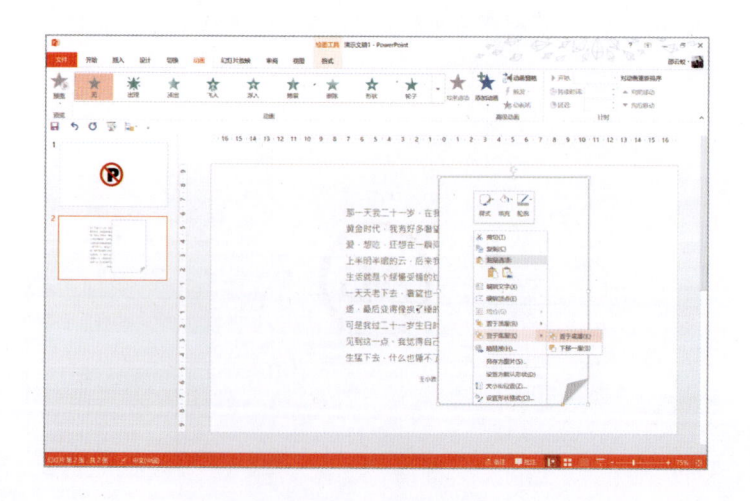

然后调整二者之间的位置,使文字处于纸张的中心。

那一天我二十一岁，在我一生的黄金时代，我有好多奢望。我想爱，想吃，还想在一瞬间变成天上半明半暗的云。后来我才知道，生活就是个缓慢受锤的过程，人一天天老下去，奢望也一天天消逝，最后变得像挨了锤的牛一样。可是我过二十一岁生日时没有预见到这一点。我觉得自己会永远生猛下去，什么也锤不了我。

王小波《黄金时代》

当然，也可以选中文字，将其"置于顶层"。

再来说第二种，当页面中的层级关系较多时。

给大家举个例子，下图所示的是给某互联网家装企业设计的幻灯片，整个页面包含多级图层。

如果想调整位于底层的图片，比较困难，因为在每一张图片上面都覆盖了一层黑色透明的形状。那这时候该怎么办呢？

操作步骤如下，在"开始"菜单中找到右侧的"选择"选项，在下拉菜单中单击"选择窗格"，这时就会弹出页面中所有的元素图层。

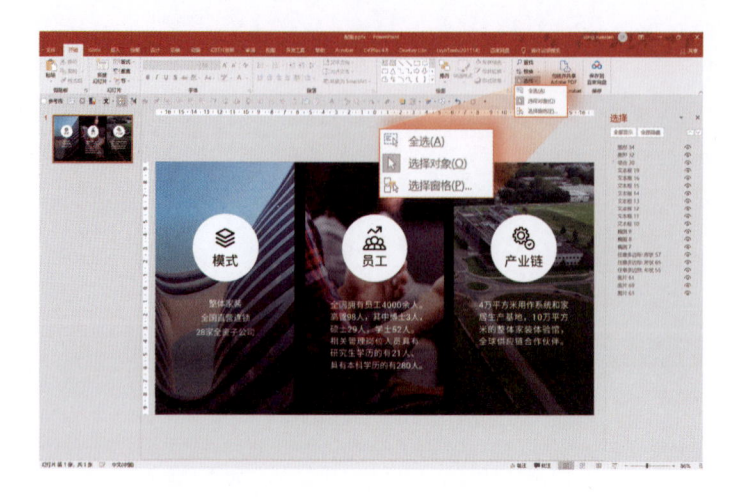

如果想把产业链底部的那张图片移至最上方,那么在右侧的图层栏中找到对应的图片9,拖曳至顶部即可。

补充说明一点,如果页面中的图层较多,而且需要交由他人进行协作修改,那么最好为每一个图层都做一个准确的命名。这样,可便于他人修改。

2.9　如何快速实现元素的对齐效果

为了能够让页面中的元素看起来更整齐,我们需要通过对齐的方法来规整元素之间的位置关系。

比如,现在要对下面这个页面中的内容进行排版。我们知道,当图标与图标、文字与文字、图标与文字处在相对精确的位置上时,看起来会非常美观。

那如何调整它们的位置关系呢？最传统的方法就是，采取纯手工挪动的方式，一点一点地对其进行调整。这个方法也可以，但有两个弊端：效率低及不能精确地将元素挪动到既定位置，这显然是不明智的做法。除此之外，我们可以使用软件提供的对齐功能，来快速地对元素位置进行调整。

为了能够让大家直观地看到对齐功能所带来的排版效果，我先将内容的位置关系打乱。接下来给大家做一个演示。

操作步骤如下，首先，选中3组内容，在"开始"菜单中，找到"排列"选项，在对齐方式中，选择"左对齐"，效果如下。

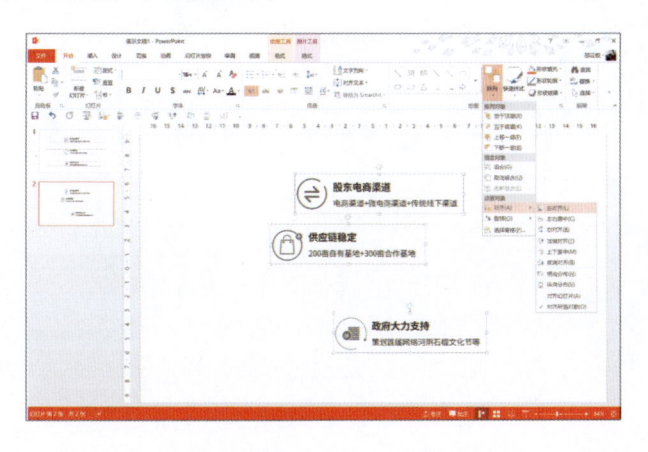

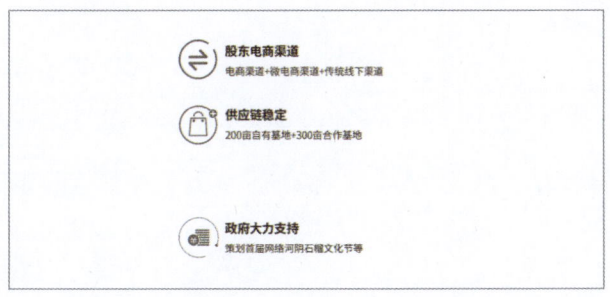

然后，还需要调整3组内容之间的间距。同样是先选中3组内容，在对齐方式中，找到"纵向分布"，即可统一内容与内容之间的距离。

除了左对齐加纵向分布外，PowerPoint 还提供了其他对齐方式，在此不一一举例。我总结了一个比较直观的、各种对齐方式的效果图，供大家参考。

2.10　如何快速复制其他元素的特效

"格式刷"的作用就是把A元素中的格式效果，复制到其他元素上，以此来快速地统一幻灯片中的元素效果，避免重复的操作。此操作的适用范围包括文字、形状及图片。

比如，我们想把右边的图片效果快速处理成与左边一样，该怎么做呢？

操作步骤如下，选中左图，在"开始"菜单中，单击"新建幻灯片"左侧的"格式刷"按钮。这时鼠标光标就会变成一把小刷子形状。然后，在右图上单击一下，即可实现左右图效果一致。

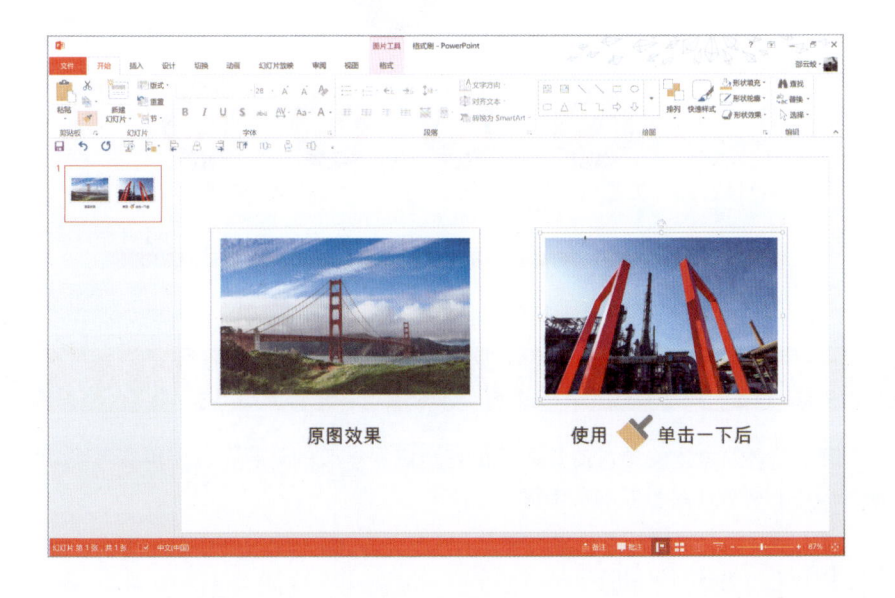

同样地，如果要快速复制文字的效果，也可以使用这个功能。

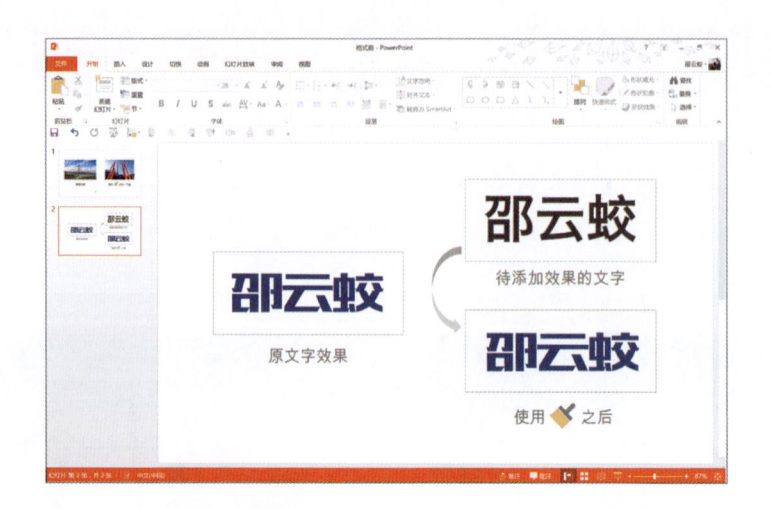

如果想把同一种效果复制到多个元素上,这里还有一个技巧。双击"格式刷"按钮,这样就能够连续地为多个元素添加一样的效果。

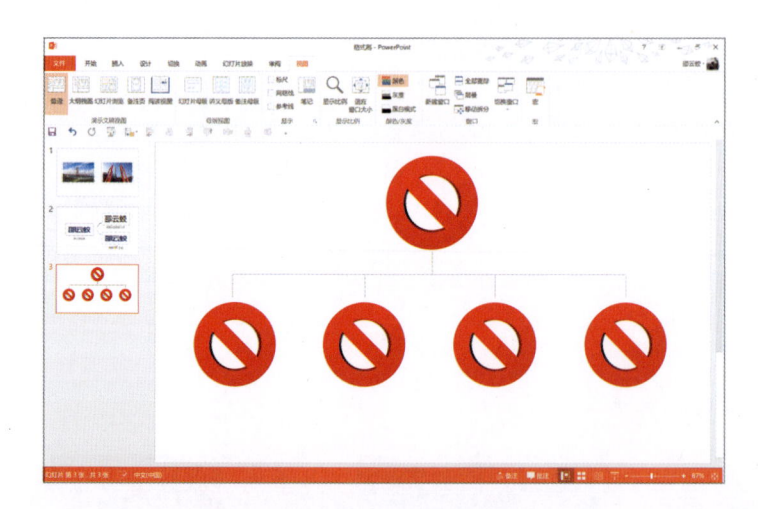

2.11 如何精准地确定元素在页面中的位置关系

要确定元素的位置关系,使其能够更好地满足排版的需要,应使用参考线功能。在 PowerPoint 中有两条比较重要的参考线。

2.11.1 页面的中轴线

这个功能有什么作用呢?给大家举个例子。比如,我们对幻灯片内容进行排版时,需要利用平衡构图的方法，使内容左右或者上下对称。

那么如何才能判断元素是否处于页面中心呢？这就需要在"视图"菜单中勾选"参考线"选项。然后，就可以看到页面中出现了两条相互垂直的中轴线。

无论是要确定元素的左右位置还是上下位置，抑或是确定元素是否处于页面中心位置，都可以通过这两条参考线来进行检验。

2.11.2　智能参考线

这个功能的开启方式很简单。在"视图"菜单中，单击"显示"栏右下角的箭头，在出现的对话框中，勾选"形状对齐时显示智能向导"。

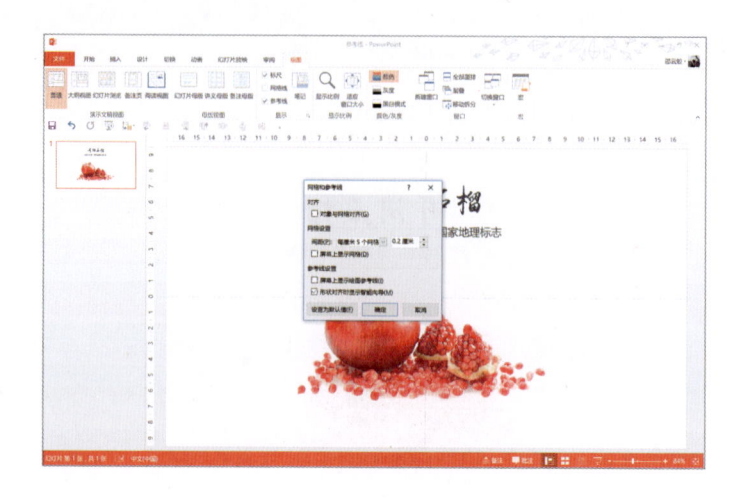

那么，这条参考线有什么用呢？给大家举个例子。

比如，当我们在页面中挪动图片或文字时，屏幕中会自动出现下面这样的参考线，这些参考线可以告诉你元素与元素之间的位置关系及间距是否均等。

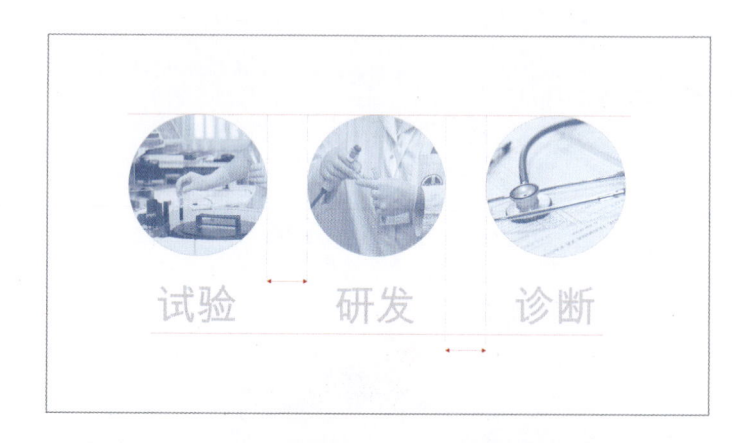

这样在一定程度上能够让元素排版更加轻松，且有章可循。

2.12 如何快速地统一页面背景

为了配合幻灯片中内容所表达的主题，我们需要选择一些恰当的背景，以此来凸显内容的主题。

比如，我们现在要做一张有年代复古感的幻灯片，那么，相应地就需要选择一个能表现出复古感的背景，比如像下图这样：

再比如，当想要表现出神秘未知的感觉时，我们通常会考虑使用星空作为背景。

这就是我要说的，在背景选择上，一定要与内容的主题相匹配。

PowerPoint支持4种类型的背景格式，分别是纯色、渐变背景、图片纹理背景及图案背景。其中，纯色背景和图片背景比较常用。

对于背景的设置，操作起来也非常简单。

以上传一张图片作为背景为例，给大家做个演示。步骤如下，在页面任意空白处，单击鼠标右键，在弹出的快捷菜单中单击"设置背景格式"选项。在界面右侧打开的窗格中，选择"图片或纹理填充"，然后在文件夹中选择一张适合的图片，单击"插入"即可。

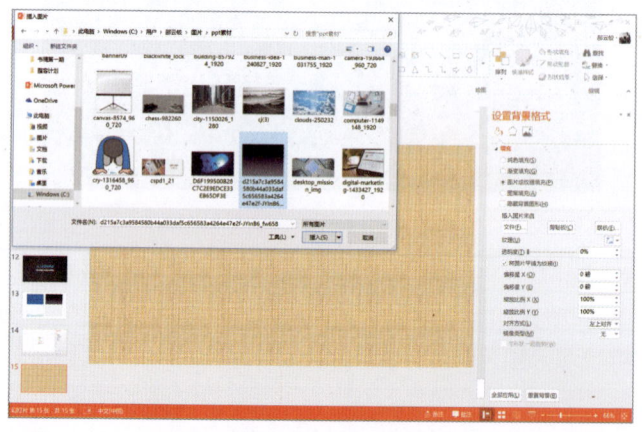

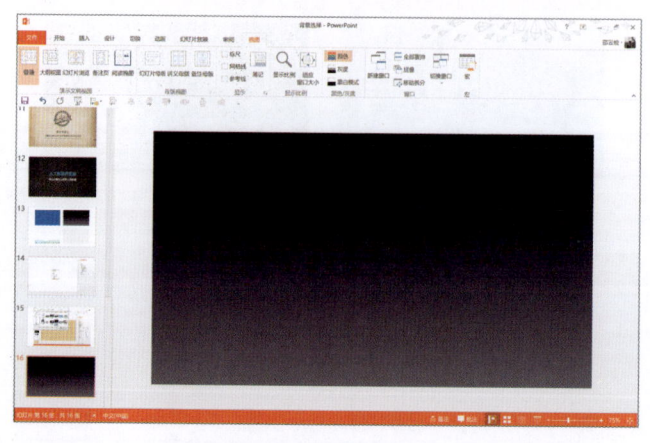

以上就是在 PPT 中设置页面背景的一些方法。考虑到一致性的问题，最好从头到尾使用同一款背景，这样可以使页面看起来更整齐。设置方法非常简单，当你确定好背景之后，在"设置背景格式"窗格的底部，单击"全部应用"按钮即可。

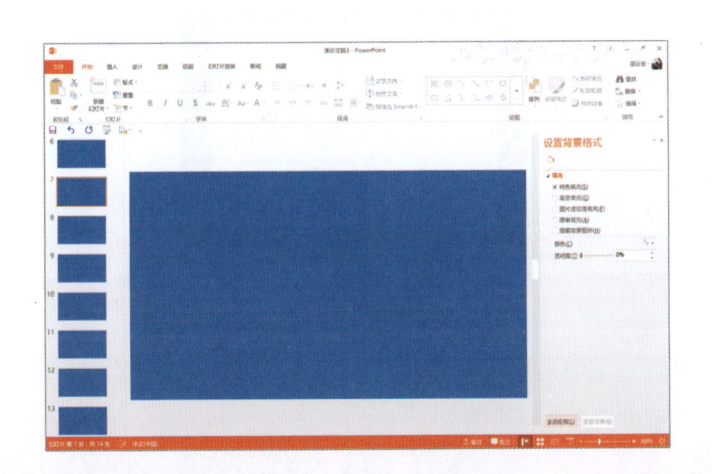

2.13 如何选择适合投影屏幕的页面尺寸

如果你设计的幻灯片需要进行投影放映，为了使幻灯片页面能完美适配屏幕，取得最佳的投影效果，那么，你需要了解一些关于页面尺寸设置及修改的方法。下面会从三个视角来跟大家谈一些这方面的知识。

2.13.1 最常见的两种页面尺寸

首先来说两个主流的尺寸，一个是16∶9的宽屏比例，该比例能够铺满大多数电脑屏幕；另一个是4∶3的近方形比例，该比例能够铺满大多数投影屏幕。

如果你做的幻灯片的宽高比例为16∶9，而投影屏幕恰好是4∶3的，那么，投影出来的页面就会是下面这样。

在屏幕上下两侧出现了黑边。

同理，如果幻灯片的宽高比例为4∶3，在电脑上显示时，会在左右两侧出现黑边。

一般来讲，当页面与投影屏幕尺寸等比时，因为能够完全匹配，所以页面正好铺满整个屏幕，看起来会非常舒服。所以，在此建议，在制作幻灯片之前，最好了解清楚该幻灯片是在电脑上供人观看，还是在投影幕布上演示使用。

设置幻灯片宽高比的操作步骤如下，新建一个幻灯片页面，如果默认的比例是16∶9，而你想要将其调整为4∶3，那么，可以单击"设计"菜单，在右侧的"幻灯片大小"中选择"标准（4∶3）"即可。

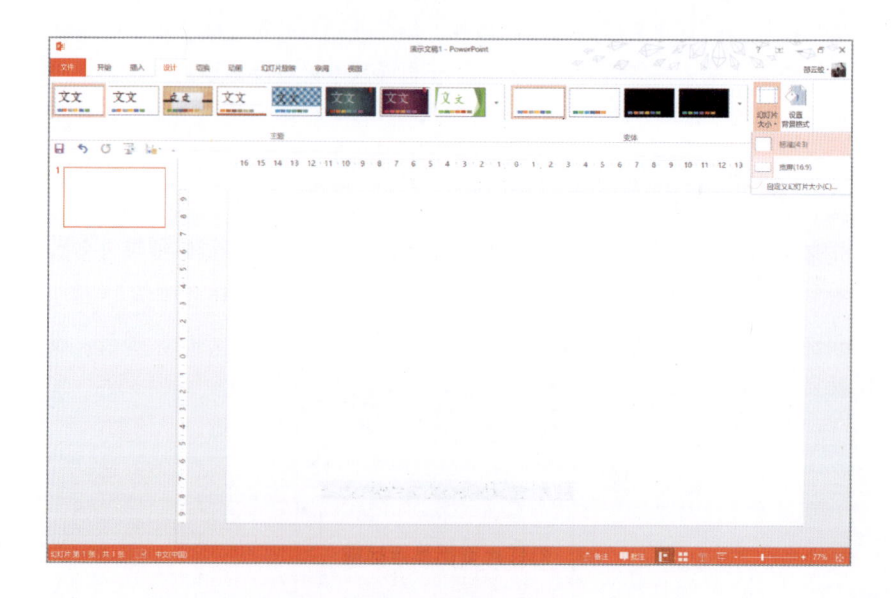

2.13.2　演讲、发布会常用的页面尺寸

除了主流的两种比例外，有时幻灯片会在一些特殊尺寸的屏幕上放映，比如最近几年各种发布会、行业峰会等，放映场合多被定在酒店或者剧院等。在这些场所中，屏幕尺寸都比较特殊，见过的有2.35∶1。

那么，当面对这种情况时，应该如何设置页面尺寸比例呢？

在介绍方法之前，先给大家提个醒。在 PowerPoint 中，页面的最大长度只能设定为 142.24cm，如果需要制作的幻灯片页面长度超过了这个数值，那么就需要遵循等比原则。

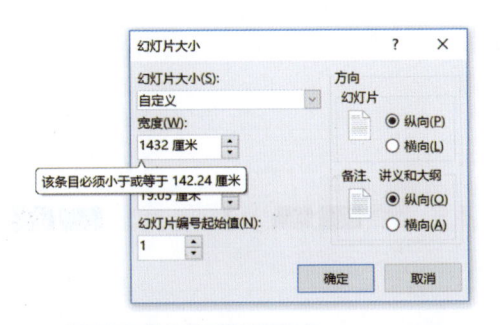

什么意思呢？给大家举个例子。假如要在一个宽和高分别为 4.7m 和 2m 的屏幕上放映，这个数值远超过 PowerPoint 可设定的最大长度。那么，如果想让幻灯片页面铺满整个屏幕，可以设定幻灯片页面的宽和高分别为 47cm 和 20cm，当然，94cm 和 40cm 也可以。数值越大，幻灯片页面越清晰。

操作步骤如下，新建一个页面，单击"设计"菜单，在"幻灯片大小"的下拉菜单中，单击"自定义幻灯片大小"，在打开的对话框中输入相应的数值即可。

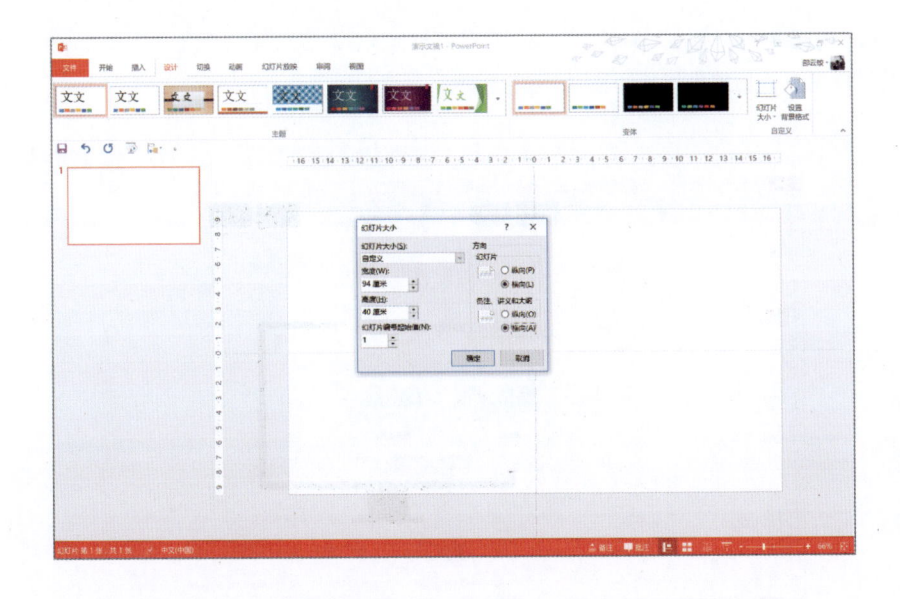

以上是关于幻灯片页面比例设置的一些方法。

2.13.3　页面尺寸修改过程中可能出现的问题

如果你现在正在制作一份16∶9比例的幻灯片，被忽然通知要改为4∶3的（如果事先没有确定好屏幕尺寸，这种情况经常发生）。除了推倒重做之外，你知道怎么能快速解决这个问题吗？

举个例子，假如这是我们现在正在做的16∶9比例的幻灯片，由于一些原因，现在需要将它修改为4∶3的比例。

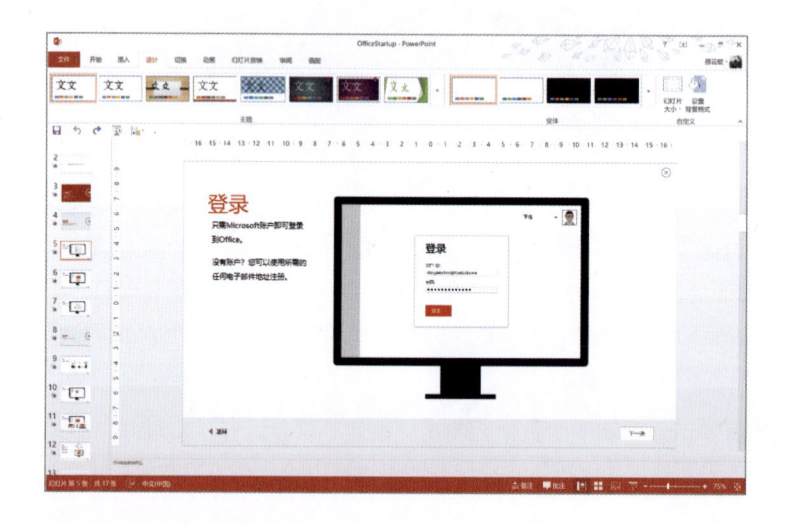

操作步骤如下，单击"设计"菜单，在"幻灯片大小"选项中，选择"标准（4∶3）"，但这时候可以看到软件给出下图所示的提示。

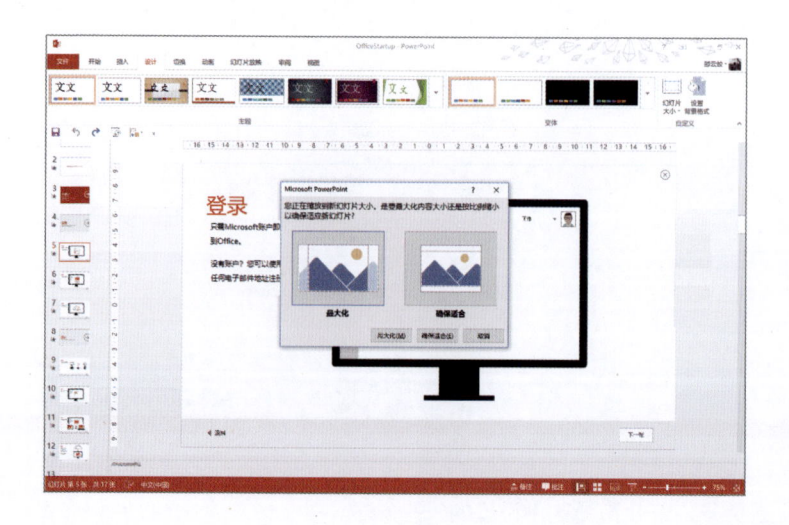

什么意思呢？

最大化是指，只修改幻灯片页面的大小，而内容的大小不进行改变。直观点来看，我们发现，虽然幻灯片的页面缩小了，但由于内容保持不变，所以内容仍超出了页面边界。

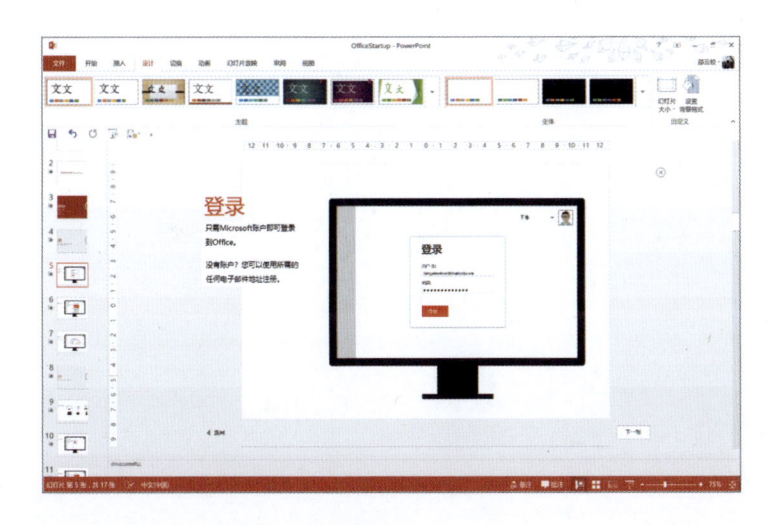

而"确保适合"的意思则是，将页面和内容同时、同比例地变为4∶3，效果如下图所示。

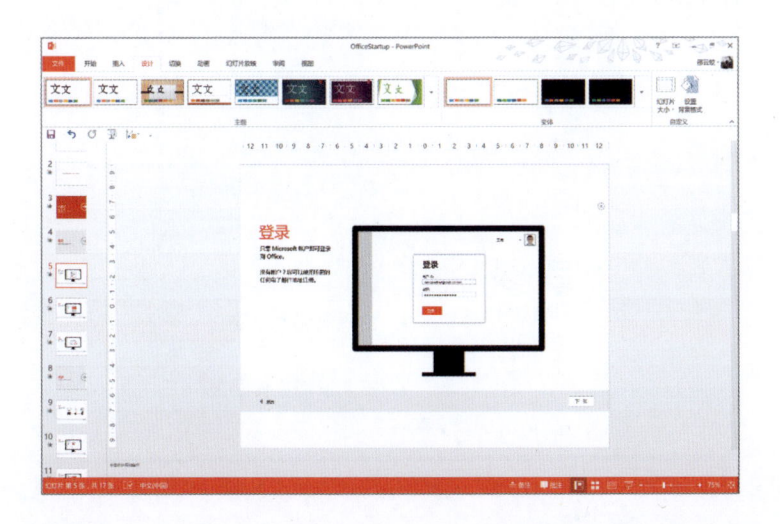

页面中大部分内容按照比例进行了缩小，有些元素的位置发生了些许变化。不过相对于重做一份和最大化而言，在修改的难度上，这种方式还是减少了很多工作量。

所以，如果需要临时修改页面尺寸，可以考虑使用这个方法。

2.14　如何让页面内容看起来更有条理性

为了能够让幻灯片页面中的文字内容呈现得更有条理，可以为其添加项目符号。

假如现在要制作一份幻灯片的目录，为了能够更好地体现出条理性，可以在每一个标题前面添加一个圆形的项目符号。

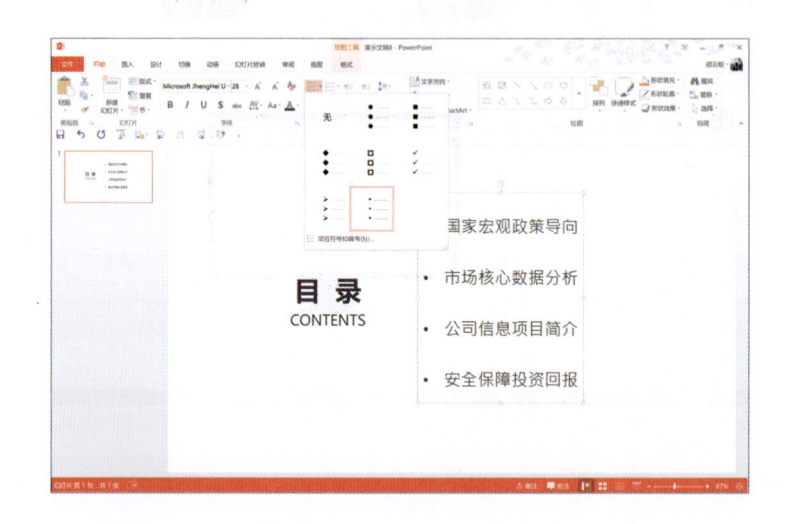

这是一种无序的项目符号，主要作用是体现出内容之间的条理性。

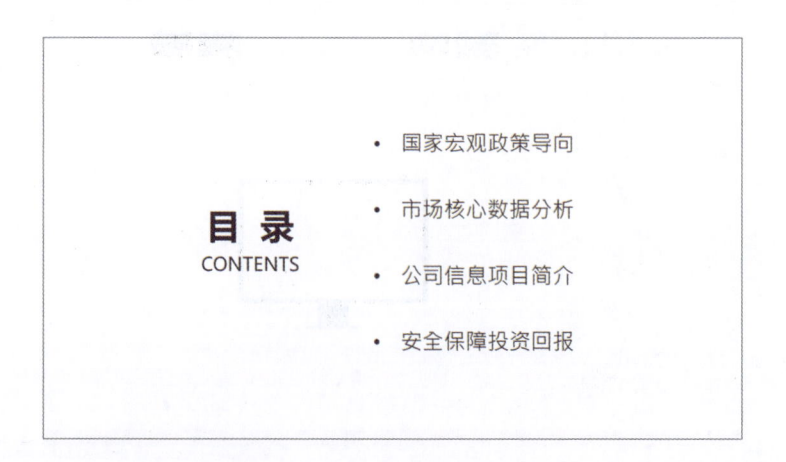

如果还想体现出内容之间的顺序，那么需要添加有序的项目符号。

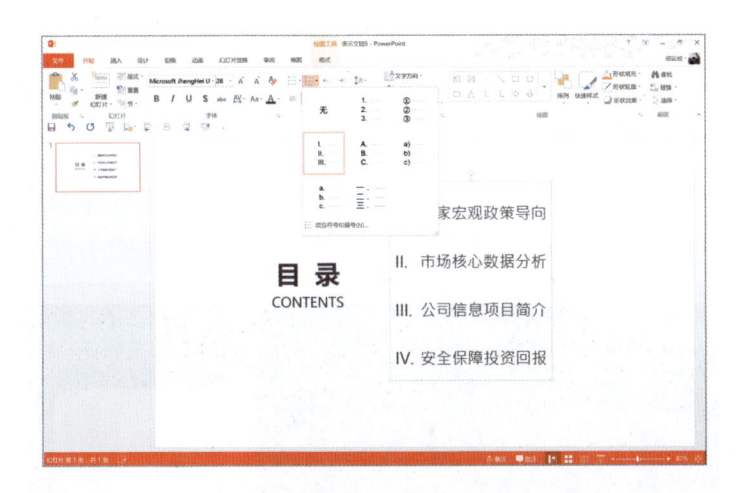

如果你不喜欢默认项目符号的颜色或者形状，可以单击下拉菜单底部的"项目符号和编号"选项，进行自定义修改。

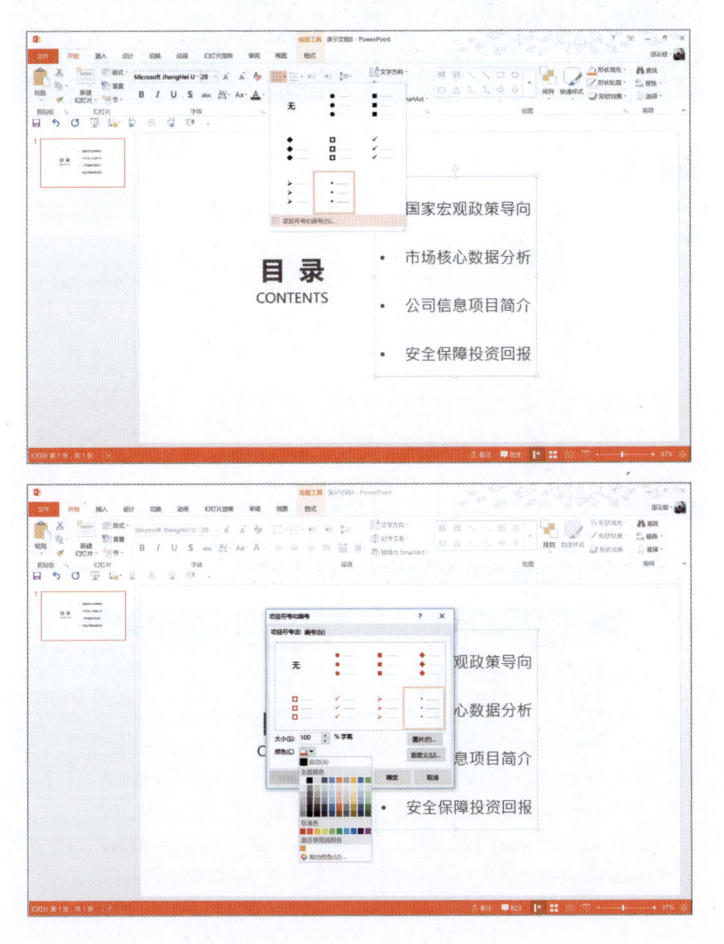

2.15　写给大家看的PPT表格设计指南

在制作工作汇报，或者是学术PPT时，表格的使用，在所难免。

但不得不说，并非所有人都擅长制作表格，甚至有些人会犯一些低级错误，做出来的表格页就像下面这样：

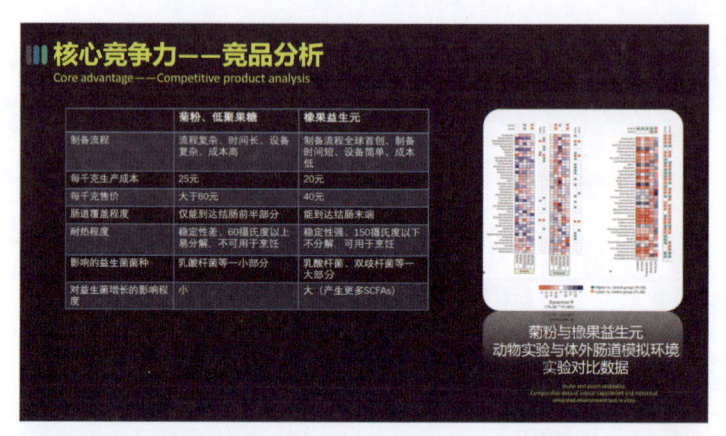

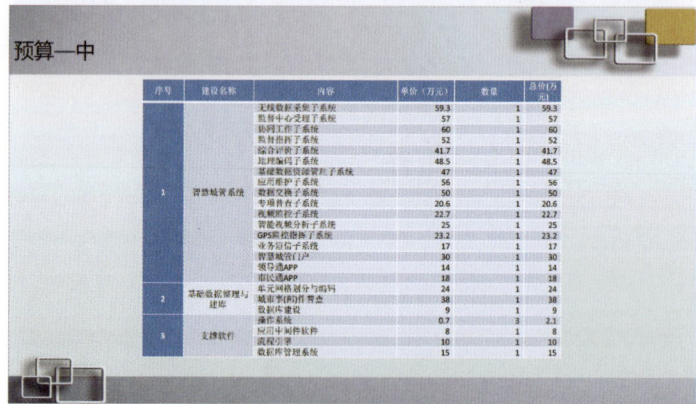

不过，你知道吗，如果能掌握一套完善的设计方法，每一个人都能够把表格做得很好。就像下面所示的这样。

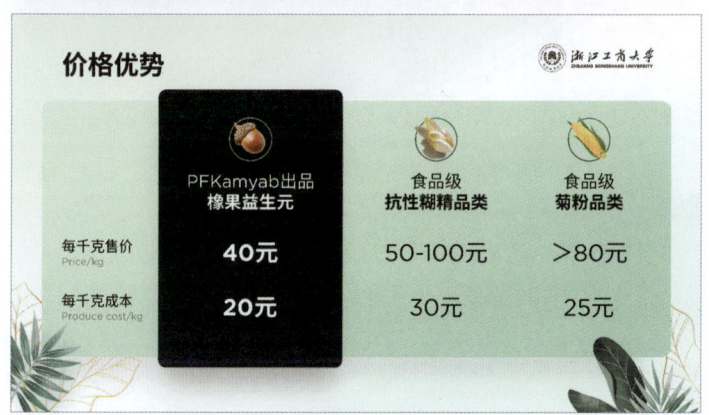

所以，为了能够帮助大家搞定PPT表格设计，在这里，我将PPT表格的设计总结为一个公式，分为如下4个步骤。

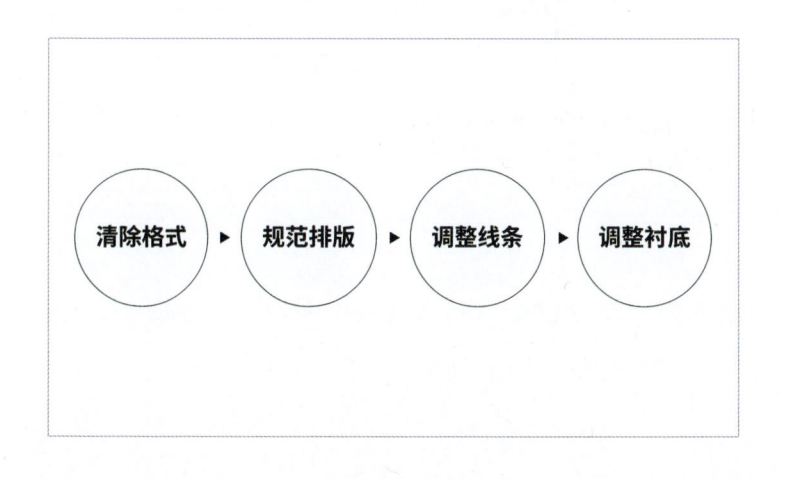

清除格式 → 规范排版 → 调整线条 → 调整衬底

这些都是什么意思呢？咱们挨个来说，后面还会给大家分享一些案例。

2.15.1　清除格式

这个操作是最容易的。当我们在PPT中插入表格时，如果没有设置 PPT 的主题风格，那么，软件会默认一种样式，有时与主题风格不匹配，这时候，把它删除就好。

就拿前面的例子说明一下，页面如下图所示。

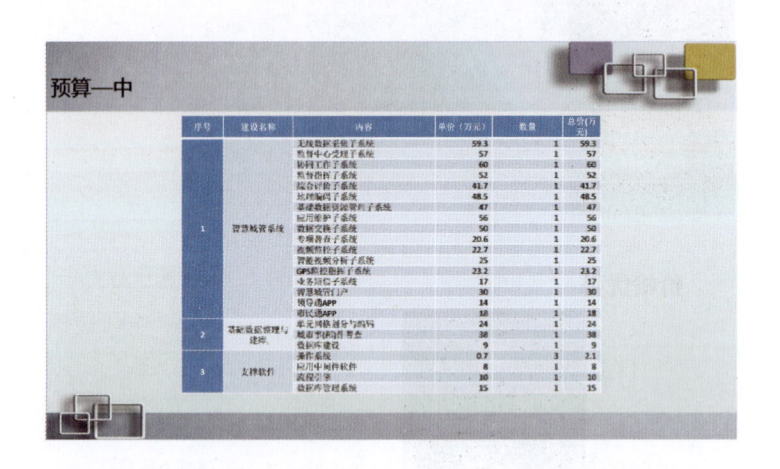

清除掉默认格式并简单排版后，是不是清爽了很多？

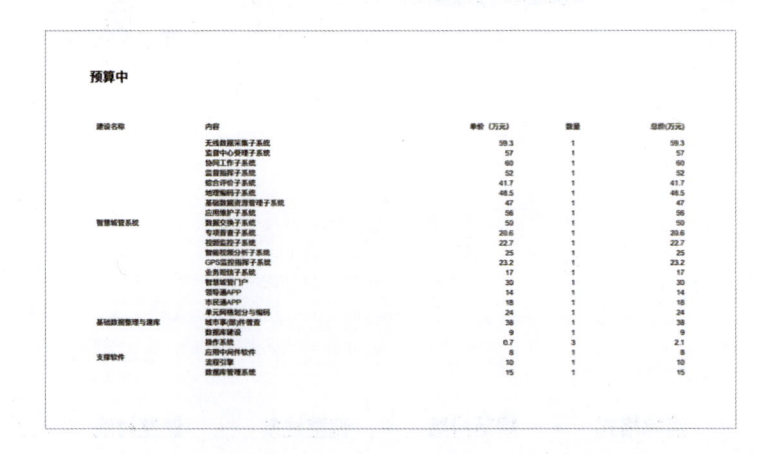

清除格式的操作很简单。选中所有的单元格，这时候，菜单栏中会出现"表格工具"菜单，单击"设计"。

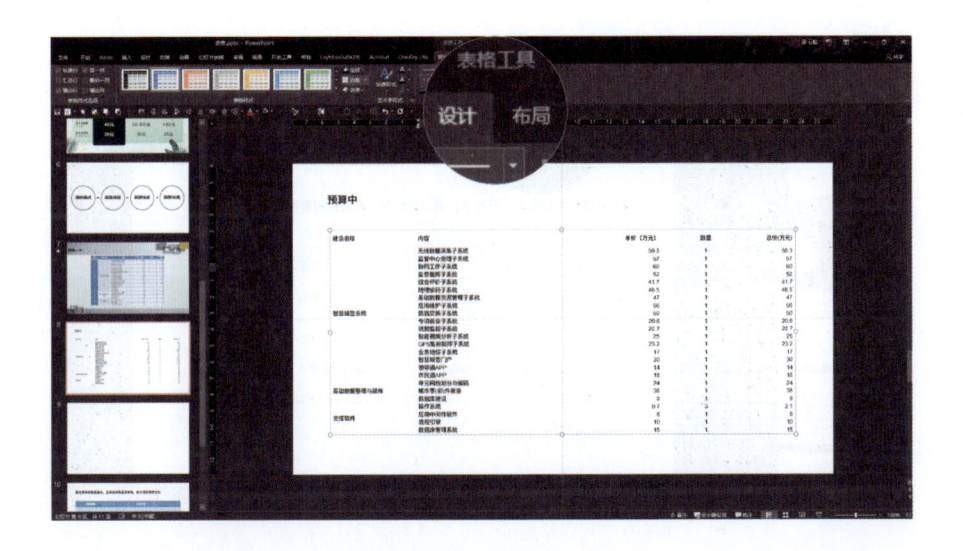

在"底纹"设置中,选择"无填充",在"边框"设置中,选择"无框线"。

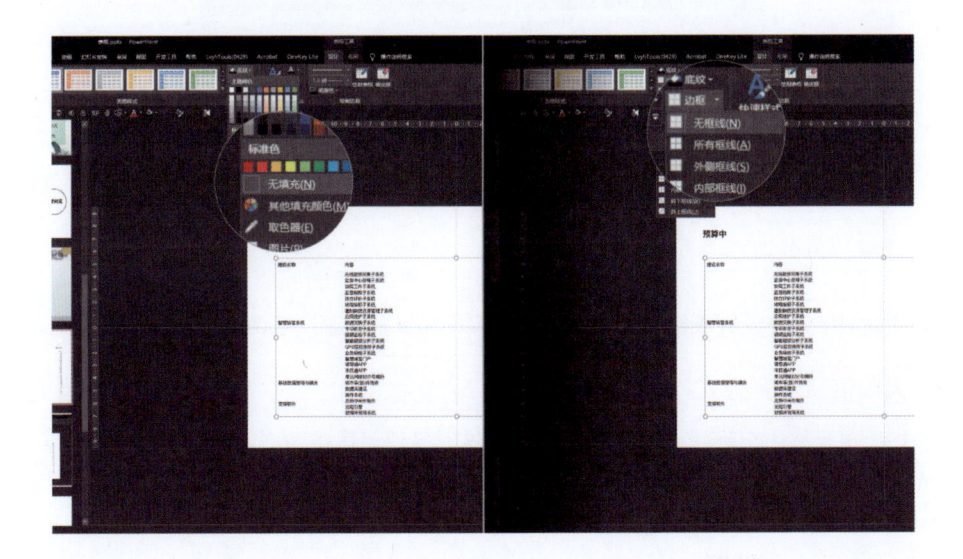

2.15.2 规范排版

对于正常的表格内容来讲,可以将单元格里的信息设置为居中对齐或左对齐,并选择垂直居中,这样可以让信息处于单元格中心的位置:

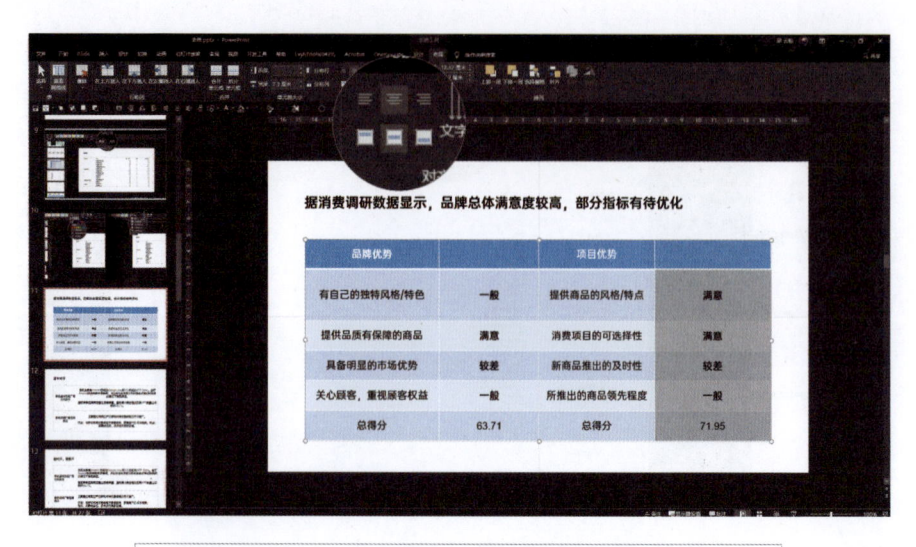

这是很多人在设计表格时的易错点，其实，大家只需要注意两点就好。

大段信息对齐方式

如果单元格内出现了大段的文字信息，这时候使用居中对齐，看起来乱糟糟的，建议选择左对齐，这样看起来更整齐。我们可以对比一下。

左对齐，更整齐

手机操作系统厂商应用商店	目前主要是Android系统的Google play和iOS系统的APP Store。由于Android系统采取开源策略，所以在目前多数手机制造商选择定制系统的情况下难觅其迹。 目前苹果应用商店是生态最丰富、盈利模式最合理的，在架APP数量占总数的59.7%。
手机终端厂商应用商店	主要通过与其生产的移动终端设备绑定的方式推广。 优点：与移动终端设备绑定不易被删除，获得用户的成本较低； 缺点：运营效率低、技术迭代更新较慢。

数字取整，并保持右对齐

如果表格中有数字，且数字的位数不一致，比如有些带小数点，有些不带，此时需统一取整，或者是保持小数点后的位数统一。另外，在对齐方式上，为了便于读数，建议采用右对齐的方式。这样可以在很大程度上降低数据的阅读难度。

	数字取整	小数点位数统一
单价/万元	单价/万元	单价/万元
59.3	59	59.3
57	57	57.0
60	60	60.0
52	52	52.0
41.7	42	41.7
48.5	49	48.5

2.15.3 调整线条粗细

通过调整表格边框的粗细及颜色，可以让表格的层次感变得更清晰，简单点说就是可以让重点更突出。

通常对一个表格而言，有两种粗细的线条搭配使用即可，对于表头和表尾使用粗线条，其余为细线或虚线。就像下图所示这样。

很多咨询公司的表格，常用下面这种样式。

而设置表格边框的操作也很简单，分为3个步骤。

Step 1 选中需要更改边框的单元格，比如在这里，我们选择更改第一行表格的边框属性。

Step 2 单击表格,选择"设计"菜单,更改边框的粗细及颜色。

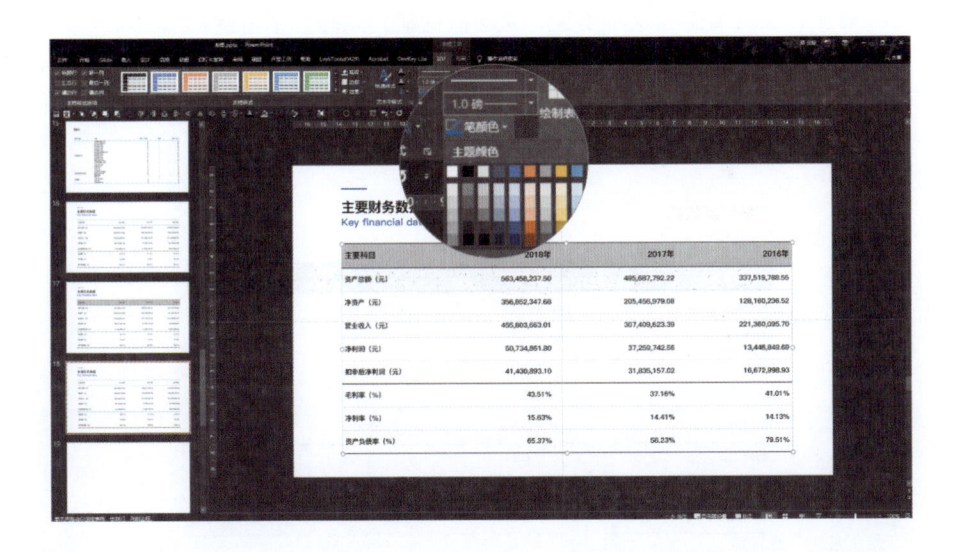

Step 3 继续单击表格,选择"设计"菜单,单击"边框",选择"下框线"。

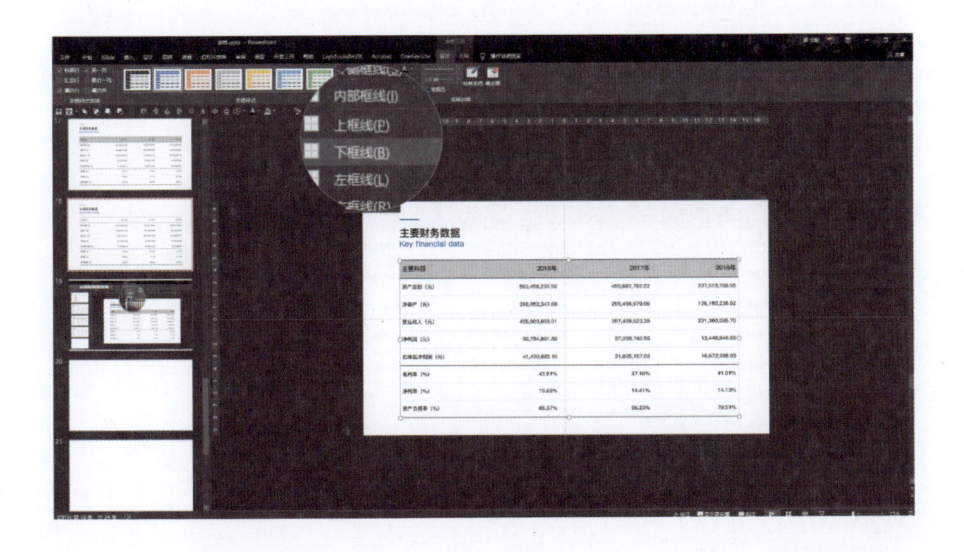

2.15.4 调整衬底

与上一步类似,这一步的主要作用也是让表格中的重点内容更加突出。

表格中可以使用较浅的颜色进行填充，以此来更好地凸显重点，且不会导致页面缺少焦点。

举个例子，比如像下面这个页面，深浅色搭配，既凸显了重点，页面又不会显得杂乱。

当然，如果表头的颜色是彩色的，我们可以选择更浅的颜色，作为单元格的填充色，从而起到凸显重点的目的。

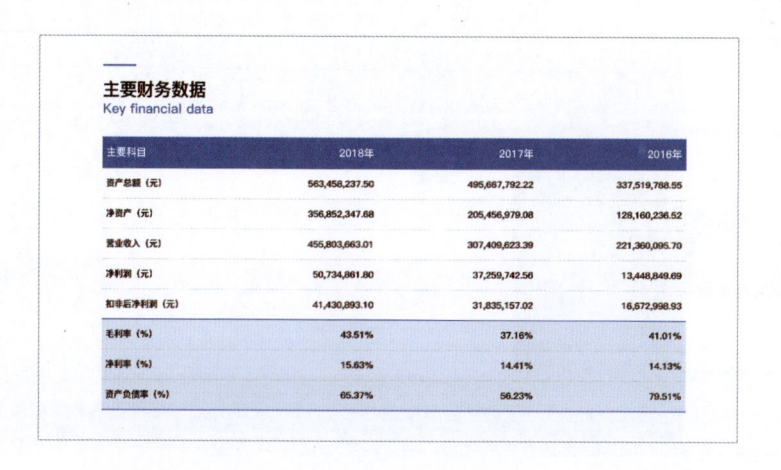

这就是一个非常完善的表格设计流程，一共分为4步。

接下来，咱们通过一个案例来练习一下。

以下图所示的表格为例。

本区域部分小区楼盘价格

	一期成交价	二期成交价	涨/降幅
黄庭港湾	5650元/㎡	7200元/㎡	27.4%
泰和嘉园	8100元/㎡	6400元/㎡	26.56%
汇源首座	7200元/㎡	5800元/㎡	24.1%
中洋和天下	5750元/㎡	6900元/㎡	18.9%
世纪城	7860元/㎡	6400元/㎡	22.8%
望族公馆	5400元/㎡	6600元/㎡	22.22%

Step 1 去除所有默认格式。不要添加那么多花里胡哨的效果。

本区域部分小区楼盘价格

	一期成交价	二期成交价	涨/降幅
黄庭港湾	5650元/㎡	7200元/㎡	27.4%
泰和嘉园	8100元/㎡	6400元/㎡	26.56%
汇源首座	7200元/㎡	5800元/㎡	24.1%
中洋和天下	5750元/㎡	6900元/㎡	18.9%
世纪城	7860元/㎡	6400元/㎡	22.8%
望族公馆	5400元/㎡	6600元/㎡	22.22%

Step 2 规范表格排版。单元格内的信息，我们选择居中对齐。另外，"涨/降幅"那一列的数据，因为有小数点，所以应保持小数点后位数一致，并将此列设置为右对齐。

本区域部分小区楼盘价格

	一期成交价	二期成交价	涨/降幅
黄庭港湾	5650元/㎡	7200元/㎡	27.40%
泰和嘉园	8100元/㎡	6400元/㎡	26.56%
汇源首座	7200元/㎡	5800元/㎡	24.10%
中洋和天下	5750元/㎡	6900元/㎡	18.90%
世纪城	7860元/㎡	6400元/㎡	22.80%
望族公馆	5400元/㎡	6600元/㎡	22.22%

Step 3 调整表格边框的粗细，让表格更具层次感。

本区域部分小区楼盘价格			
	一期成交价	二期成交价	涨/降幅
黄庭港湾	5650元/㎡	7200元/㎡	27.40%
泰和嘉园	8100元/㎡	6400元/㎡	26.56%
汇源首座	7200元/㎡	5800元/㎡	24.10%
中洋和天下	5750元/㎡	6900元/㎡	18.90%
世纪城	7860元/㎡	6400元/㎡	22.80%
望族公馆	5400元/㎡	6600元/㎡	22.22%

Step 4 添加衬底，凸显表格中的重点数据，比如表头和需要突出的部分。

本区域部分小区楼盘价格			
	一期成交价	二期成交价	涨/降幅
黄庭港湾	5650元/㎡	7200元/㎡	27.40%
泰和嘉园	8100元/㎡	6400元/㎡	26.56%
汇源首座	7200元/㎡	5800元/㎡	24.10%
中洋和天下	5750元/㎡	6900元/㎡	18.90%
世纪城	7860元/㎡	6400元/㎡	22.80%
望族公馆	5400元/㎡	6600元/㎡	22.22%

大功告成，是不是好很多？不难吧？

Chapter 03

第3章
借用动画为PPT演示加分

众所周知,动画的作用是让幻灯片中的元素动起来,关于这一点不用多说。但你知道如何才能选择正确的动画?如何才能正确地使用动画来辅助演讲、演示?如果不知道,可以看看我在本章中介绍的内容。

3.1 认识幻灯片动画

如果你想让幻灯片中的元素动态地出现在页面上，那么，可以考虑使用切换和动画的功能。

其中，切换是指页面与页面之间过渡时的动态效果。

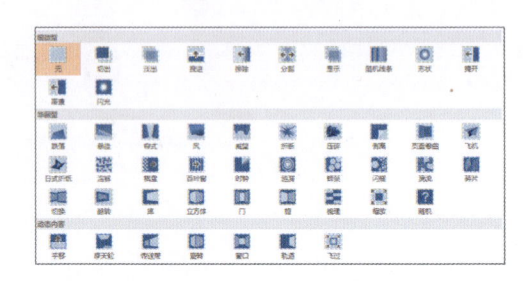

动画是指单独页面上元素的动态效果。

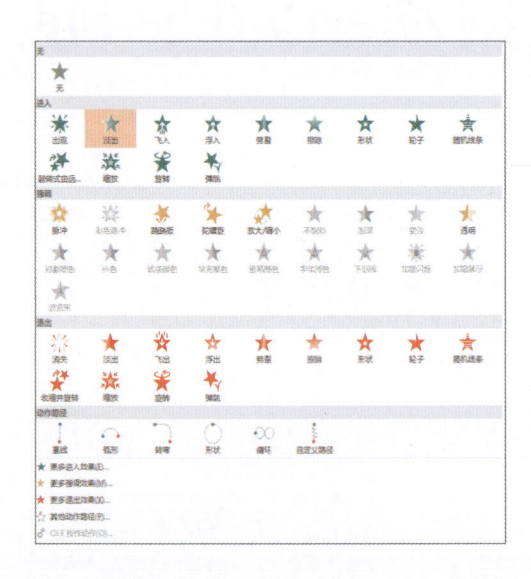

在 PowerPoint 中添加动画效果非常简单。基本操作是：选中页面或页面中的元素，可以是一个，也可以是多个，然后单击想要添加的动画（切换）效果。如果你有足够的创意，还可以通过为多个元素添加多个动画，来做出十分酷炫的效果。

比如网友 Hi_wenping 使用近千个动画模仿还原了 Apple 广告——designed by apple in california，这就是酷炫动画的代表作。

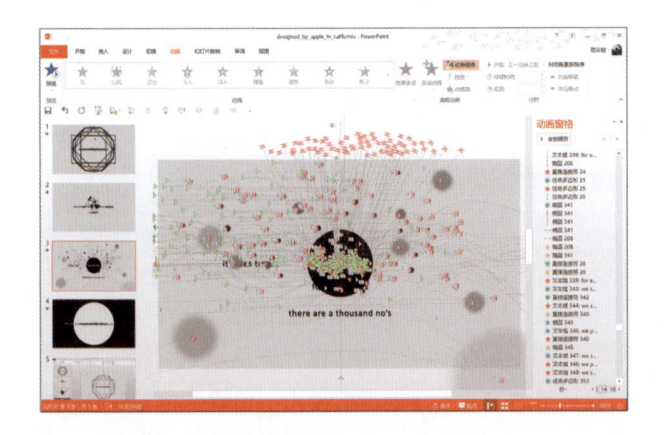

第3章 借用动画为PPT演示加分

但是，这些秀技巧的操作，不是我想要传达的内容。因为，我不认为我有能力仅用书面文字就能教会你做出酷炫的动画，而且过于酷炫的动画效果往往是一个人耐心、实力及创意等要素的结合，难度非常大。所以，我们主要讲解幻灯片中动画（切换）效果的常见用途。

3.1.1 模拟物理世界的动作效果

关于这一点，从软件提供的各种动画（切换）效果的名称就可以看出来，这也是软件开发人员的初衷。

比如想要表现出翻页效果，可以使用切换效果中的"页面卷曲"，其可模拟沿书本中线来翻页的状态。也可以使用切换效果中的"剥离"，其可模拟从右下角向左上角翻页的状态。

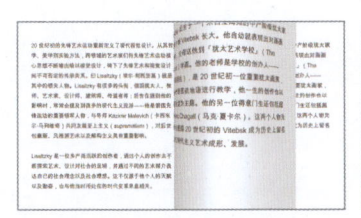

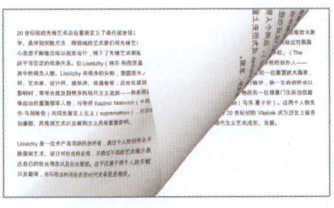

如果幻灯片的内容要表现家庭破碎，可以利用"折断"这一切换效果来模拟破碎的状态。如果想要表现出写作时没灵感，总是写不好文章这一感觉，可以利用"压碎"这一切换效果来模拟把作品揉成团以示作废的动作。

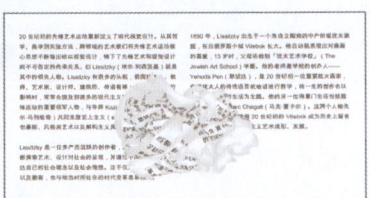

87

除了以上这些例子，还有推进、涟漪、立方体、旋转、擦除、缩放等动画效果。其实，它们都是用来模拟物理世界中的一个特定动作的。

总之，当我们要为元素设定动画效果时，第一点需要考虑的，就是其是否符合动画所要模拟的动作，不要随意使用一些无关的，甚至错误的动画效果。

3.1.2 用来吸引观众的注意力

如果在一张全是静态内容的幻灯片上，忽然出现了一个动态的或者发生变化的元素，试想，你的注意力是否会被吸引？

比如，我们想在一页幻灯片上表达想要做出一份优秀的幻灯片，需要有逻辑的内容表达及有创意的设计这一概念。其中，我们想要强调的是"有逻辑"和"有创意"这两个概念。那怎么才能让这两个定语看起来醒目，从而吸引观众的目光呢？

可以将这两个定语之外的其他文字颜色变淡，这样就能突出想要表达的内容了。

那么，怎么操作呢？

第3章　借用动画为PPT演示加分

Step 1　需要将这句话拆分成4部分，分别是"有逻辑"、"有创意"、"想要做出一份优秀的幻灯片"及剩余的文字，并且按照未拆分前的状态来确定其位置关系。

为什么要这么做呢？因为如果不拆分，当为元素添加动画时，就会对全部内容执行颜色变淡的动画效果，这样，就不能凸显"有逻辑"和"有创意"这两个概念了。所以需要先对语句进行拆分。

Step 2　选中除"有逻辑""有创意"这两个定语之外的文本框，在"动画"菜单中，添加"透明"这一动画，让页面被单击时，产生颜色变淡的效果。

这样，在讲解过程中，需要强调"有逻辑"和"有创意"这两个概念时，只需单击页面即可。

除使用颜色变淡的方法之外，凸显重点内容的方法还有很多。

比如可以为文字添加波浪形动画，让重点文字有一个跳跃的效果。或者如果你想专门讲解这两个概念的话，还可以为其他文字添加缩放退出的动画，让页面上只留下特定的内容。

总之，用好动画的前提条件是，需要对每一个动画的播放效果有一定的了解。

3.1.3 动画可以使元素被间隔显示

有时为了使观众的注意力集中到页面中某一特定内容上，不能一下子将全部内容展现出来，因为这样会丧失焦点。这时可以通过为不同部分的元素添加动画效果，来使其间隔出现。

比如当向别人讲解关于污染和损害我国海洋环境因素的4点原因时，如果一下子让4点原因全部展示出来，那么，听众可能就不会跟随你讲解的节奏来听讲，会造成当你在讲关于陆源污染物是怎么回事时，听众脑子里想的是为什么船舶排放的污染物会占比30%，从而导致吸收效果不佳。

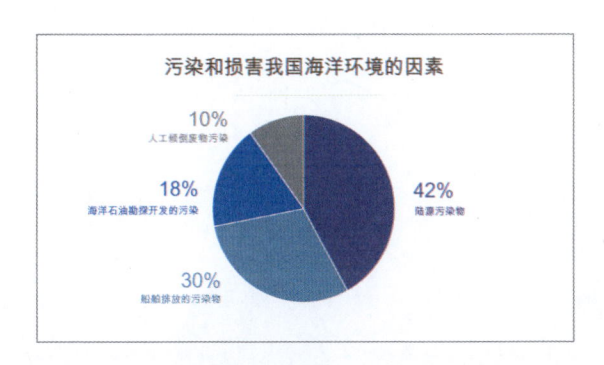

正确的做法应该是使其逐部分地出现，让 PPT 上内容出现的顺序与你讲解的顺序相吻合。当讲第一部分时，就只在页面上展示图表的第一部分，讲到第二部分时，再把第二部分图表展示出来，以此类推。

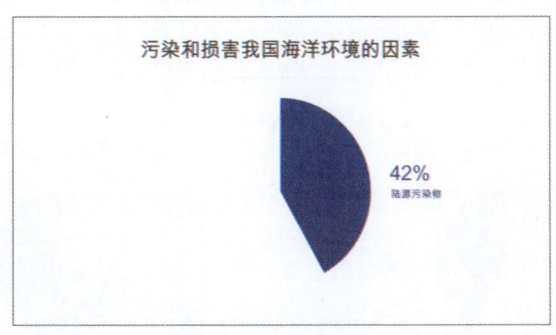

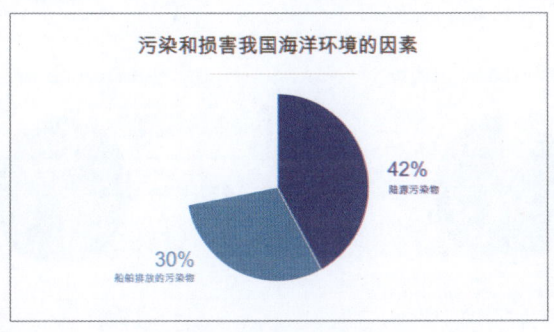

这里牵扯到关于动画的两个技巧：动画的效果选项和动画的播放顺序。

动画的效果选项表明元素按照什么样的方式来播放动画效果。当我们为饼图添加了淡出的动画效果后，在"效果选项"下拉菜单中可以看到有两个选项，一个是作为一个对象出现，另一个是按类别出现，如果想让其逐部分地出现，那么，将"效果选项"设定为"按类别"即可。

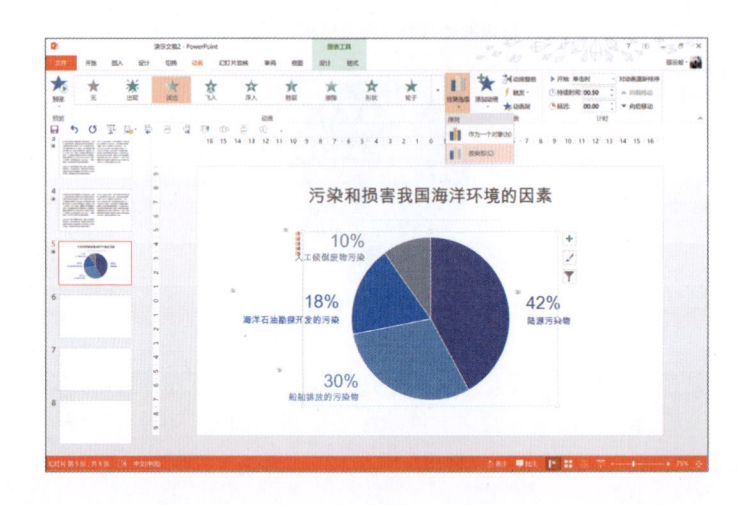

动画的播放顺序就是页面中元素上动画播放的先后顺序。在我们的案例中，因为需要每一部分饼图搭配相关文字内容同时出现，所以，需要调整软件默认的动画播放顺序。

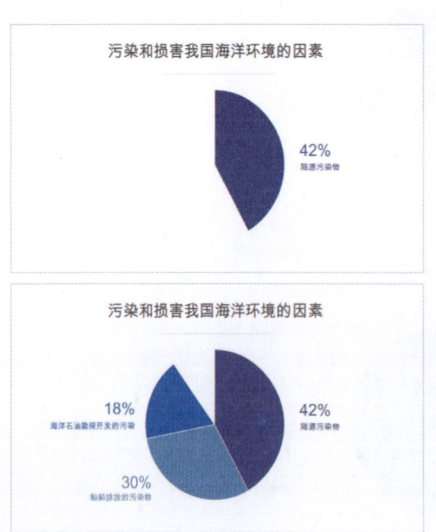

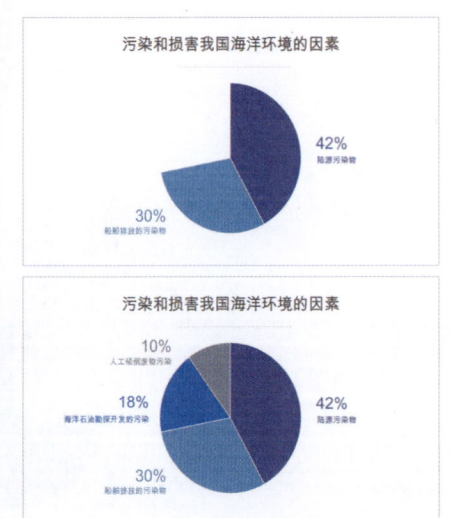

第3章　借用动画为PPT演示加分

操作步骤如下。

Step 1　单击"动画"菜单中的"动画窗格"选项，在右侧弹出的窗格中，可以看到页面中动画的播放序列。如果想对其进行调整，可以移动动画窗格中每一个动画的位置。

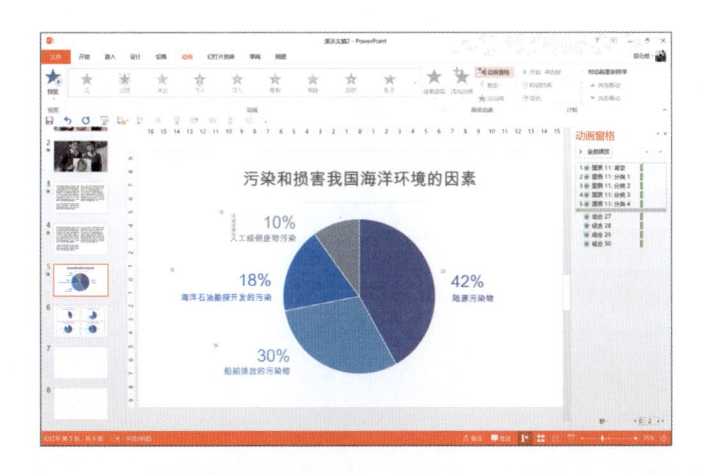

Step 2　在这里，我们需要分别将组合27、组合28、组合29及组合30（分别代表了4段文字内容）移动至分类1、分类2、分类3、分类4的下面。选中文字内容的动画序列，右击，在弹出的菜单中选择"效果选项"。在弹出对话框的"计时"选项卡中将"开始"方式更改为"与上一动画同时"，这样就能够实现每单击一次页面，就会显示一个图表部分及其对应的文字内容。

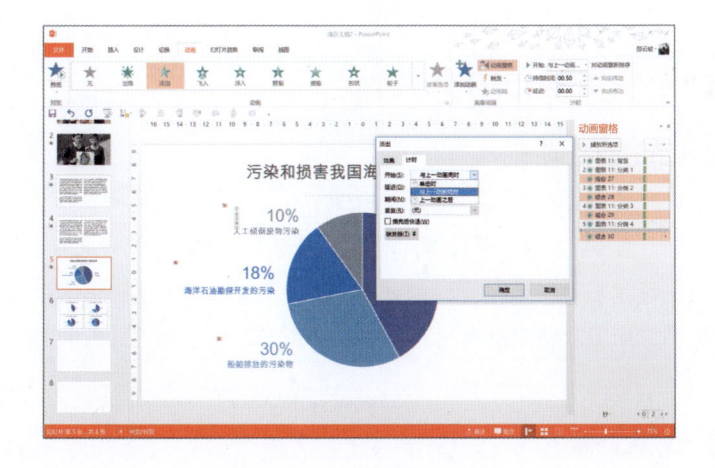

此外，如果页面上需要展示的内容过多，为了避免页面失去焦点，可以应用动画效果来使内容间隔出现。

93

给大家举个例子。比如需要在一页幻灯片上分别阐释"苹果手机为什么受欢迎的原因",为了让观众的思路能跟着我们讲解的节奏,可以逐点地把原因展示在幻灯片页面上。

等最后一点阐释完毕,再追加一个动画,使4点原因全部展示出来,做一个总结。

以上就是在幻灯片制作中,关于动画的3个主要用途。

3.1.4　动画使用常犯的3个错误

第一是动画的数量问题。

对于一些PPT制作新手,了解了动画和切换功能后,在随后制作幻灯片时,就会疯狂地使用动画效果,恨不得给每一个元素都设定一个动画。其实这是没必要的。

使用过多的动画效果,不仅会延长整个演讲的时间,而且会在很大程度上分散观众对内容的注意力,所以在使用动画时,应该保持克制,为了内容展示的需要而添加必要的动画。

第二是一致性问题。

如果需要为同一页幻灯片中的同类元素添加动画效果,最好能够添加同一种动画效果,这样做的好处是看起来更整齐。比如,对于下面这一页幻灯片,可以将过渡效果全部设定为淡出效果,这样,这3款相机出现在页面上时,就会显得很一致。

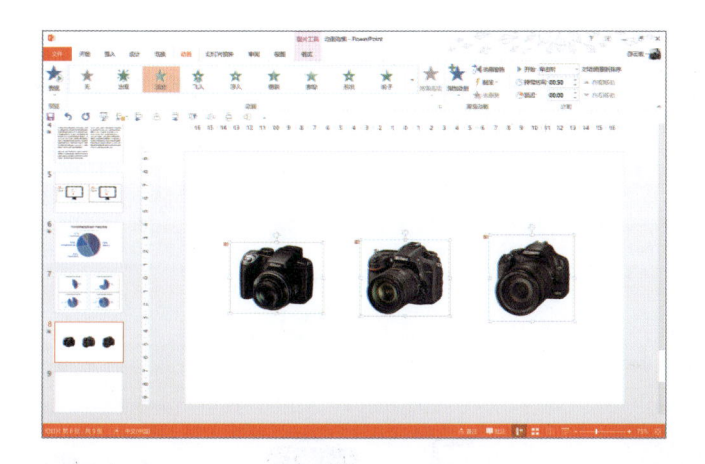

第三是动画的复杂程度问题。

网络上有一些教程，专门教授如何做出酷炫且复杂的动画，比如粒子动画效果。这些效果看起来的确很炫，对于小部分极客用户而言，可能有用，但对于大多数人而言，并没有什么用处。

为什么这么说呢？原因有二。

第一，制作酷炫而复杂的动画，往往需要付出大量的时间成本，不划算。而且，动画效果只是为内容展示服务的一个手段，动画太炫，会干扰观众对内容本身的解读，得不偿失。

第二，PowerPoint不是一个专门制作动画的软件，能做出的效果十分有限，与专业的动画软件制作出的效果还有很大差距。比如说幻灯片展示前的10秒倒计时的动画，虽然也可以用PowerPoint做出来，但效果一般，远不如去购买一个使用专业软件做出的视频。

3.2　动画刷

动画刷的作用可以理解为复制元素的动画效果，从而能够快速地在特定元素上进行使用。

比如，当想把为火车添加的动画效果，原封不动地复制到相机和汽车上时，只需选中火车图，在"动画"菜单中，单击"动画刷"，这时鼠标光标会变成一个小刷子形状，然后在相机图上单击一下即可。

如果你觉得逐一复制过于麻烦，这里还有一个小技巧：双击"动画刷"按钮，这时"动画刷"就能够连续地为多个元素复制同一种动画效果。动画刷的使用方法与格式刷的使用方法相同。

Chapter 04

第4章
幻灯片设计美化

　　相信通过前面章节的学习，大家对于PowerPoint的操作层面已经有了一定的了解。但是，如果你不了解幻灯片的美化设计理念，可能一样做不出美观的幻灯片。所以，本章就和大家聊聊如何运用前几章学到的技巧来做出美观的幻灯片。

4.1 面对不同的幻灯片类型,应如何选择恰当的字体

由于字形上的差异,不同的字体也有不同的应用场合。

比如,有些字体用来表现力量感。

有些字体用来表现古典感。

总之,每一种字体都能体现出一定的设计理念。选用恰当的字体,会让整个页面看起来更加和谐,而字体使用不当,则会让页面看起来很奇怪。

给大家举个例子,如果在商务场合使用过于卡通化的字体,就可能会稀释掉商务范儿,显得很不谐调。

第4章　幻灯片设计美化

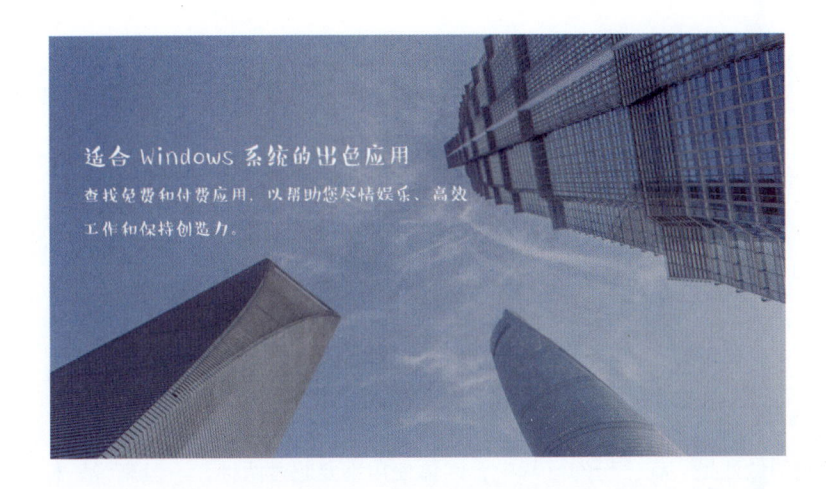

那么问题来了，如何在数百种中文字体中找到最适合表现页面内容的字体呢？我们从如下3个方面来考虑基本不会出错。

4.1.1 考虑到阅读的需要

我们知道，在幻灯片中经常需要展示大段的文字内容，如果所选用字体的字形过于复杂，不太容易辨认，比如行书、草书或者一些艺术化字体，那么往往就会造成很高的辨识成本。

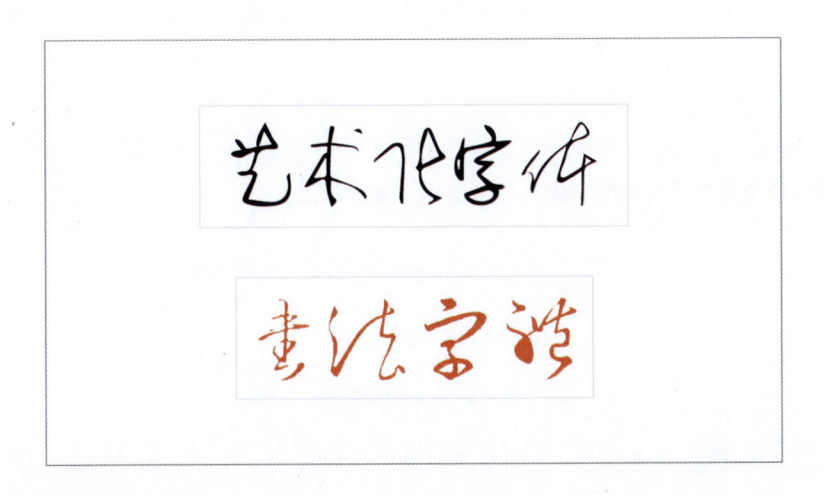

另外，在一份幻灯片中，如果使用过多种类的字体，比如同时使用了楷书、隶书、宋体、黑体等，就会由于字形变化过于频繁在一定程度上造成过高的辨识成本。给大家举个夸张点的例子。

正确的做法是：在一份幻灯片中，字体使用不要超过两种，一般来说，标题和正文各选择一种字体即可。而且，尽量选用一种辨识成本低的字体，比如，黑体。

推荐使用免费可商用的字体：思源黑体、微软黑体。

```
                    微软雅黑  1234567890

                 微软雅黑 Light  1234567890

              Microsoft JhengHei UI  1234567890

             Microsoft YaHei UI Light  1234567890

                    *注：以上字体字号均为20.
```

4.1.2　考虑到排版的需要

在排版文字段落时，为了让标题更加醒目，与正文形成一定程度上的对比，我们可以为标题选用字形较粗的字体，正文使用较细的字体。另外，粗细字体搭配的排版也会更加美观。

```
                         Medical
                       vector background
```

在这里给大家推荐几组不错的字体搭配组合。

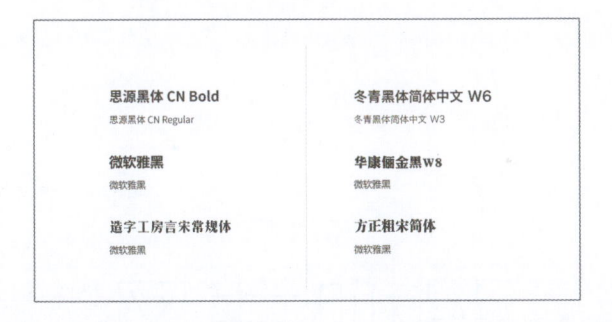

```
    思源黑体 CN Bold              冬青黑体简体中文 W6
    思源黑体 CN Regular            冬青黑体简体中文 W3

    微软雅黑                      华康俪金黑W8
    微软雅黑                      微软雅黑

    造字工房言宋常规体              方正粗宋简体
    微软雅黑                      微软雅黑
```

另外，再提醒一个细微之处，除了微软雅黑这款字体，不要人为地为其他字体进行加粗处理，因为每一款字体在设计之初，都有一定的美学理念，人为地改变笔画粗细可能会造成美观性丢失。

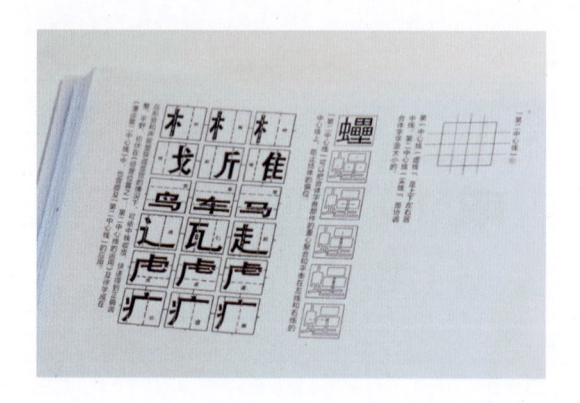

如果一段文字中既有中文，又有西文，那么最好采用不同的字体。对于中文文字，选用中文字体，西文文字则选用西文字体，这样能够体现出专业认真的态度。

4.1.3　考虑到场景的需要

因为不同的字体有不同的应用场景，所以选用恰当的字体会让内容更具有表现力。但字体设计师并没有给每一款字体贴上相应的标签，我们应该如何判断字体的具体应用场景呢？

首先，按照常识来判断。

字形较粗的字体一般用在表现力量感、男性、稳重等场景下。

造字工房版黑常规体

较细的字体一般用在表现纤弱、女性、轻盈等场景下。

方正兰亭超细黑简体

书法字体一般用在表现豪放洒脱、个性化、自信等场景下。

挥毫泼墨

禹卫书法行书简体

其次，参考优秀设计中的字体选用标准。

他山之石，可以攻玉。我们可以从电影海报中找到字体选用标准，电影海报在一定程度上承载着电影所要表达的内容主旨，比如爱情、女性、正义、神秘、未来、科幻等主题。

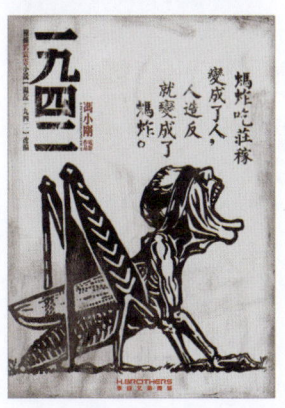

4.1.4　找对合适字体

在PPT制作时经常遇见的一个问题是，有时看中了某款海报上的字体，但并不知道这个字体的名称，这时候该如何下载呢？

资源4-01　求字体网，该网站主要提供两个方面的服务，一是字体识别，二是字体下载。

先说字体识别。

将写有文字内容的图片上传到网站，网站能够对其进行分析识别，告诉你这些文字使用的字体名称。比如下图中所示的这个中文字体很有艺术感，但不知道这款字体的名称。如何操作呢？

打开求字体网首页，将这张图片上传至网站，然后拼出文字字形，最后单击页面底部的"开始搜索"按钮。

第4章　幻灯片设计美化

1 上传图片　　　　2 拼字

从网站识别结果可以看出，这款字体的名称为"HOT-Ninja Std R"。并且，如果有下载需求的话，可以单击右侧的"字体下载"按钮。

再来说字体下载。

这个服务就非常容易理解了。求字体网收录了数百种字体资源，我们可以从中选择需要的字体进行下载。

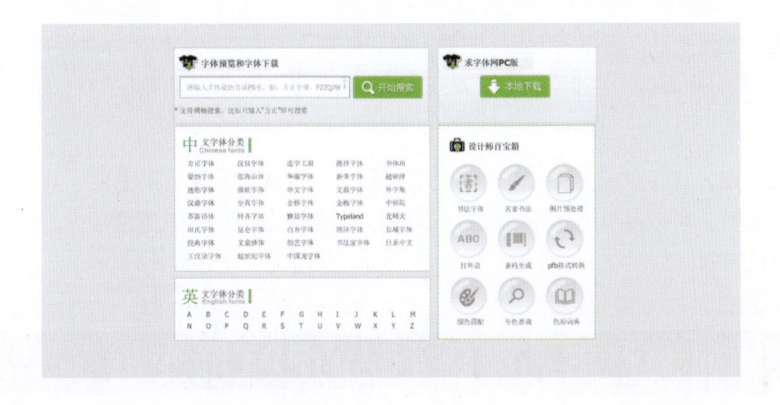

操作步骤非常简单，给大家演示一遍。

以下载书法家字体为例。假如我们要下载第三款"書法家秀宋體",单击字体右侧的"字体下载"按钮,进入下载页面,即可将其下载到电脑中。

但是有一点需要注意,当你在求字体网进行字体下载时,如果碰到"字体下载"和"云字体"按钮为灰色的情况,那就说明,字体存在版权问题。如果你想使用的话,可以去字体网站购买授权。

在这里提醒大家:字体同电影、书籍一样,都属于智力成果,如果你需要将字体用于商业用途,比如公司海报、企业画册等,最安全的做法是联系字体公司购买授权,以避免不必要的官司。

总的来说,在字体选用上,要考虑阅读成本、排版要求及场景需要,当面对不知道名称的字体时,可以使用求字体网进行识别并下载安装,但在使用过程中,一定要注意字体的版权问题。

4.2 如何调整出高级感十足的PPT渐变色

为了能够让页面的色彩层次变得更加丰富,我们可以考虑使用渐变色。这在很多PPT的设计中,都会使用到。

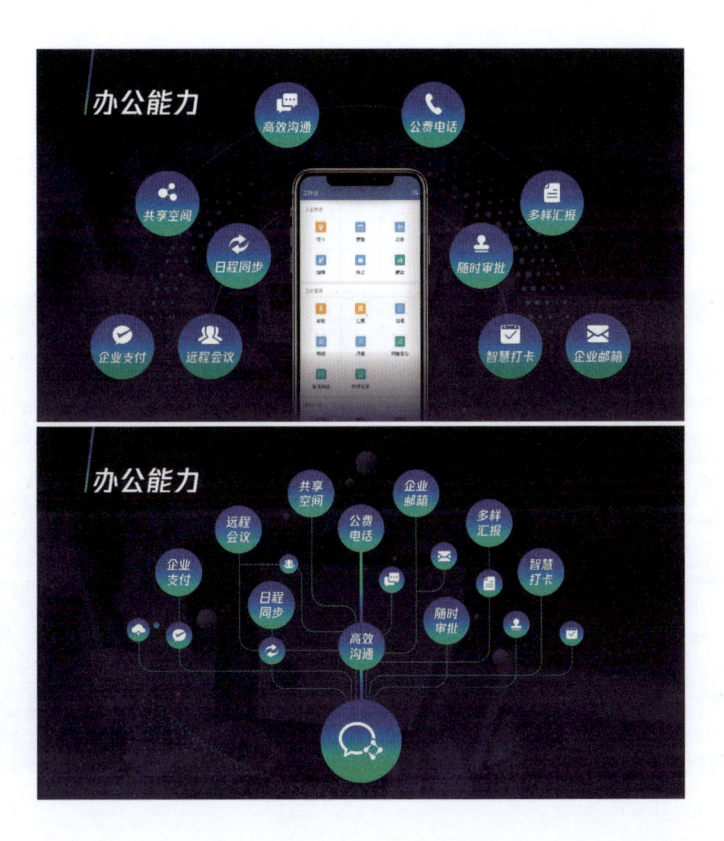

但其实，渐变色这个概念并不新鲜，在很早的PPT课件中，我们就经常能见到渐变色的使用，但不得不吐槽一下，这种渐变色真的有些廉价感。

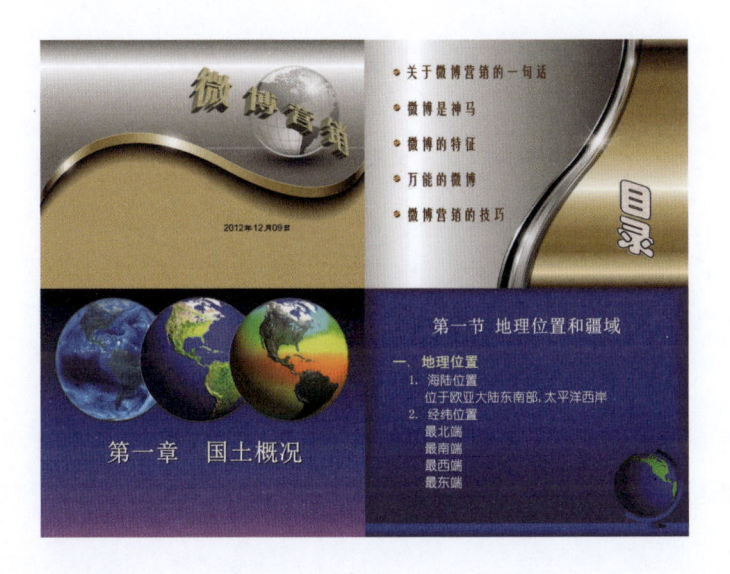

那么，如何去设置渐变色，以及如何搭配比较高级的渐变色呢？

先来说第一点，如何设置渐变色填充。

选择页面上的一个图形或者一段文字，单击鼠标右键，从弹出的快捷菜单中选择"设置形状格式"命令，在软件界面右侧的窗格中可以看到渐变填充的选项。

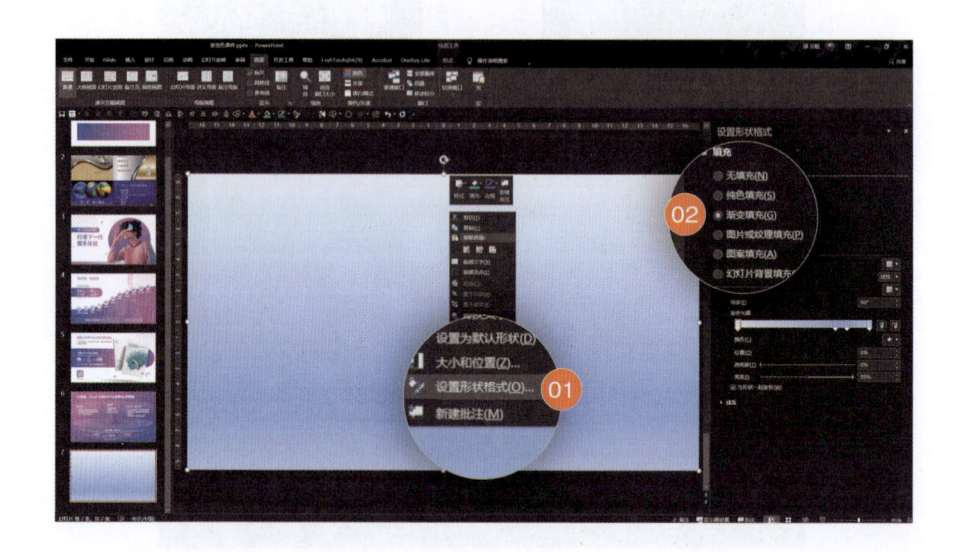

功能虽多，但在这里，我们只需要调整3个地方。

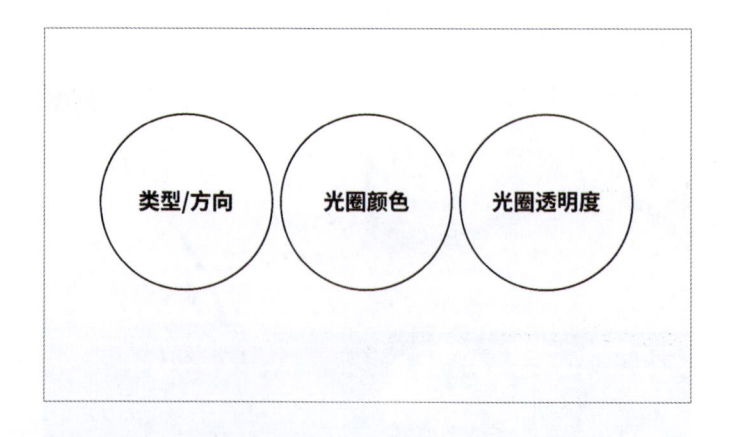

类型/方向　　光圈颜色　　光圈透明度

先来说第一个，渐变的类型和方向。

这个概念的意思就是以什么样的形式进行渐变。

举个例子，比如，我们想让元素的渐变以从左上角到右下角的方式进行呈现：

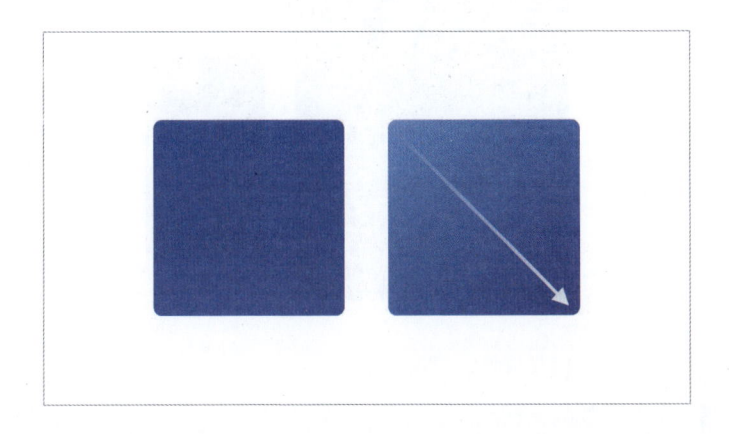

那么可以选择"线性"渐变类型，在这里，找到"从左上角到右下角"的方向即可：

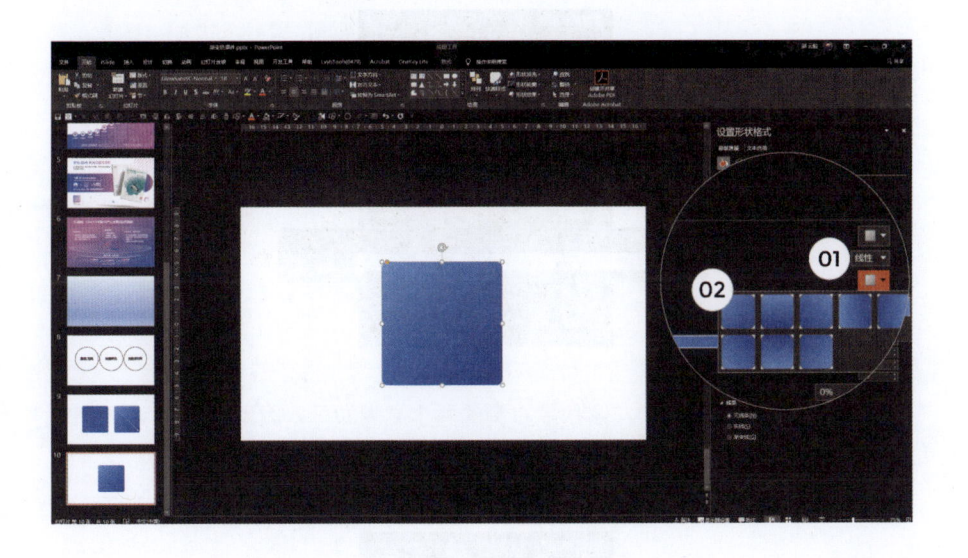

PPT中默认支持4种渐变类型，最常用的就是线性渐变。

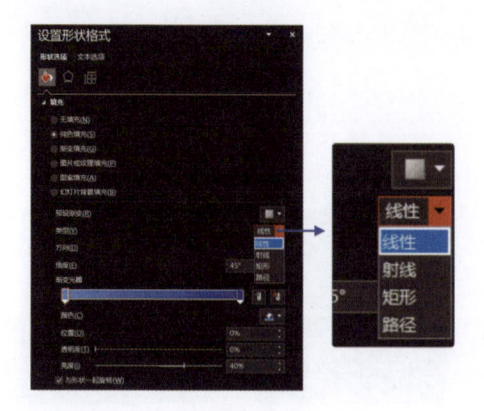

感兴趣的读者，可以打开软件，实际操作一遍。

再来说第二个，渐变的光圈颜色。

当为一个元素添加渐变效果时，默认会设置4个光圈。

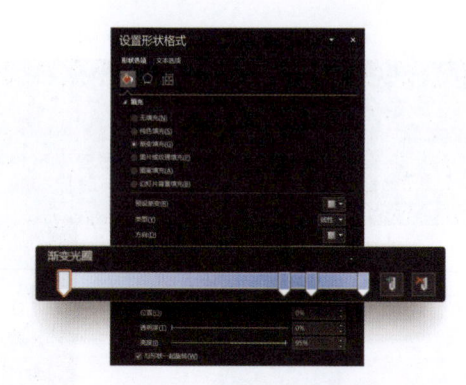

但一般来讲，我们保留最左侧和最右侧的两个光圈即可，因为这样可以让渐变的过渡更自然。

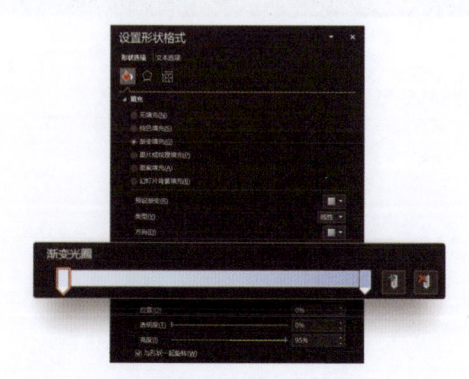

那怎么删除多余的光圈呢?很简单,选中一个光圈,向上或向下拖动,即可将其删除。

最后是第三个,光圈的透明度。

调整光圈的透明度,影响的主要是渐变的颜色。

比如,现在有这样一个渐变图形,如果我把其中一端的光圈透明度的值设置为100%,那么,渐变图形的一侧就会变成完全透明的:

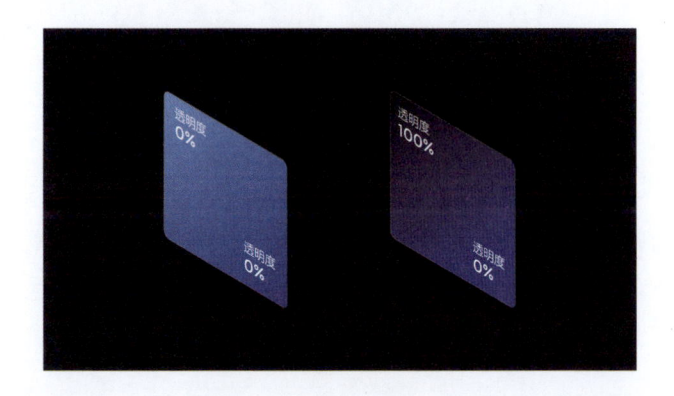

这就是关于渐变的三个主要参数,建议大家能够自己动手实际操作一遍。

当我们学会了操作之后,有一个比较重要的问题,那就是如何让渐变色的呈现变得更高级呢?

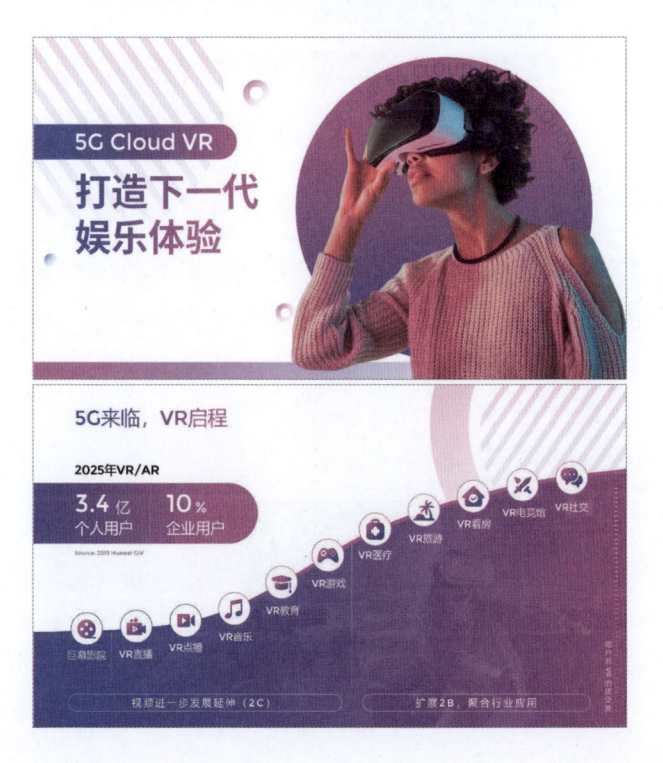

在回答这个问题之前,我们先来了解一下什么样的渐变色是高级的。

我的经验是,颜色可以不同,但颜色的色调却应是一致的。

什么叫色调呢?比如像这里,有两组颜色,大家能看出色调的差别吗?

#0056fb
#d250e6
#97BBFF
#EDB9F5

如果色调一致,搭配出来的渐变色,过渡就会非常自然。

#0056fb
#d250e6
#97BBFF
#EDB9F5

关键问题来了,该如何设置图片的色调,使其保持一致呢?分享我自己的一个方法,叫作HSL调色法。

比如,我们要为下图中这个色块添加渐变:

第4章　幻灯片设计美化

按照我们前面介绍的操作方法，第一步，设置渐变填充。在这里，我们把光圈的两个颜色设置为同一个颜色：

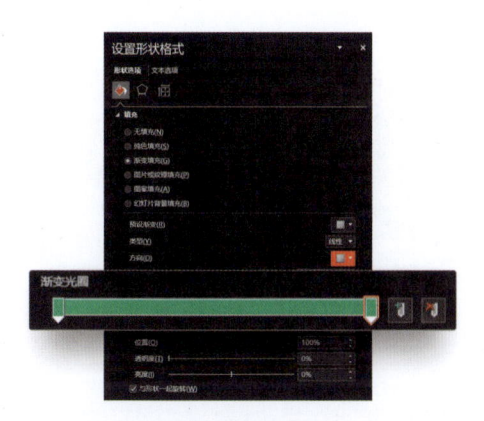

第二步，选择其中一端的光圈，改变其颜色：

在弹出的面板中，我们看到，软件默认的颜色模式为RGB：

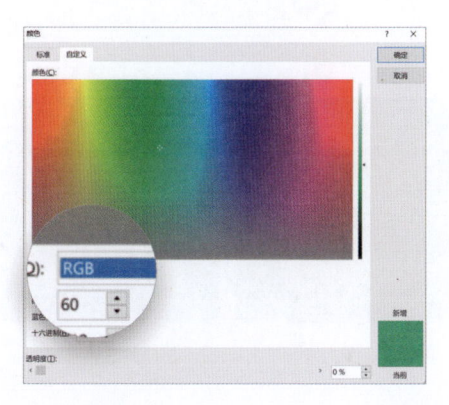

但可以把它切换为HSL模式：

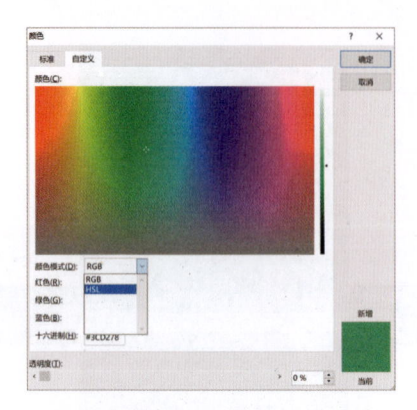

第三步，只改变色调的数值就能够保证不同颜色的色调是一致的：

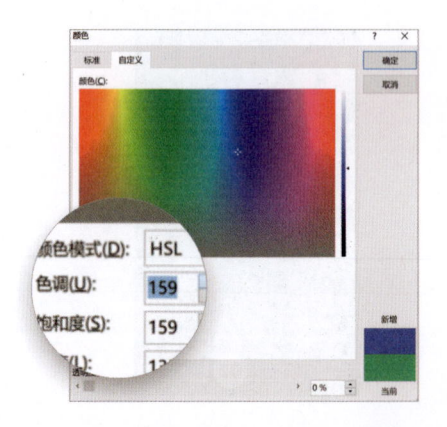

利用这个方法，你也能够很轻松地调整出过渡非常自然的渐变效果：

咱们来看一下实际的应用效果：

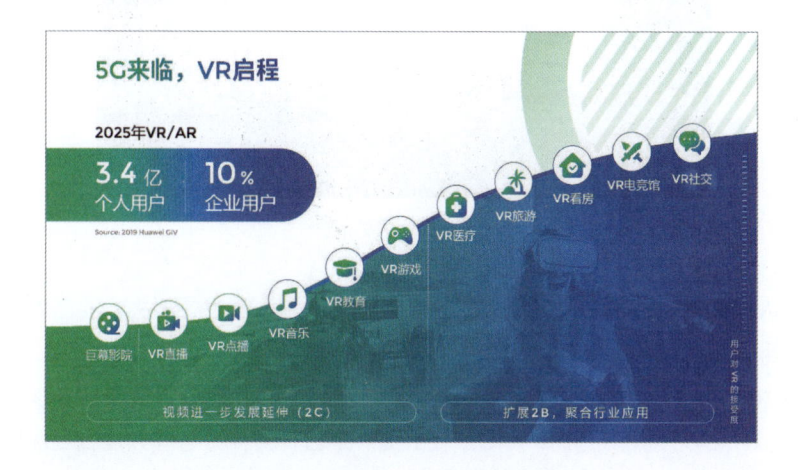

怎么样，还不错吧，这就是设置高级感渐变色的方法。

4.3　专业的PPT设计师如何找图

在 PPT 制作中，图片的重要性不言而喻，优质的配图可以迅速提升幻灯片的档次。如果你看到过一些优秀的幻灯片作品，会发现，除了排版整齐、风格突出外，图片往往会成为一套幻灯片的亮点。那么，如何才能找到优质的 PPT 配图呢？

比如为了表现差异化，这张配图是不是合适呢？

再比如，为了表现手机外放效果很棒，使用这样的配图，是不是合适呢？

来自某手机发布会

有些人可能会说，要远离百度之类的泛图库，也有人会说，要去专业图库网站。但其实，你知道吗，图库本身并不能帮你找到优质图片。

因为无论是 PPT 高手也好，抑或是"小白"也罢，往往使用的是同样的图库，可能同样是在500PX网站或在Unsplash网站上找的图。那么，为什么有些人能找到优质图片，而有些人找的图片看起来却不那么好呢？

其实，问题往往出在图片搜索的思维方式上。掌握正确的搜图思维，才是找到优质配图的关键所在。那么，在搜索图片时，都存在哪些思维方式呢？我总结了你能用得上的3种搜图思维。

1.具象化配图

在做 PPT 时，我们常常会遇到一些抽象化的概念，比如产品生命周期、企业营销策略等，对于这些概念，往往缺乏与之匹配的视觉化图片。

因此，面对这种情况时，我们就需要借助一个实体，把抽象概念具体化，用具体的元素来表现出抽象化的概念。

什么意思呢？给大家举几个例子。

比如我们在做一个与培训相关的主题分享，在内容的呈现上，为了表现出成长的感觉，我们可以借助一个具象的楼梯来予以表现。

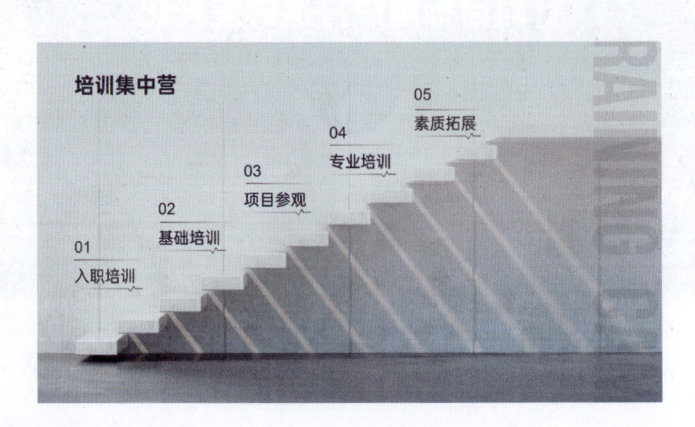

如果要呈现古蜀文明这一抽象主题时，我们可以将其具象为具体的物品，像蜀绣。

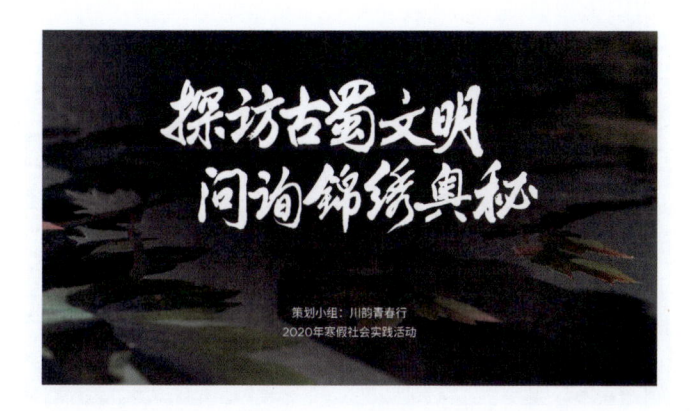

再比如在表现传统文化时，可以找一些大家认知中能代表传统文化的元素，比如建筑。

同样，还可以用一张农家养鸡的画面来表现抽象的"以农养鸡"这一抽象的模式概念。

还有像下面这个页面，用一个用户体验VR的场景来表现VR眼镜的娱乐体验。

当然，还有很多例子，比如：

- 用具象的海龟来表现抽象的产品生命周期较长这一概念；
- 用具象的金鱼来表现抽象的记忆力差这一概念；
- 用具象的地标建筑来表现抽象的国家或城市这一概念；
- ……

在此，不一一列举，总之，需要大家能够发散思维。

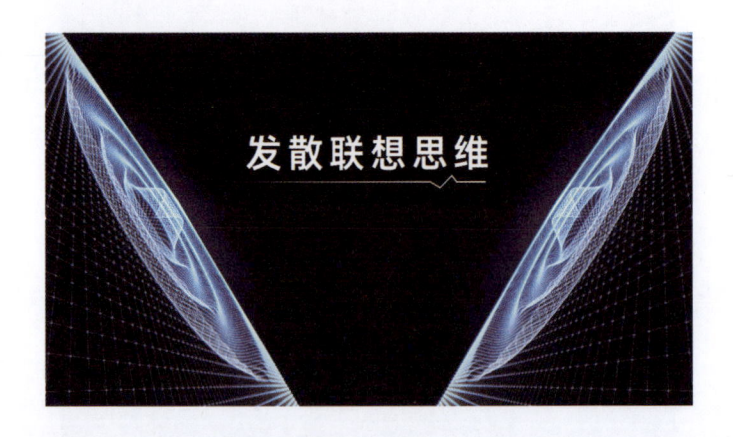

2. 结果化配图

这个方法与上一个方法有相似的地方，都是把抽象画面具象化。那什么叫结果化配图呢？就是说，我们在为文案配图时，考虑的是文案内容被执行后所导致的结果，而非文案本身所传递的含义。

同样地，给大家举几个例子。

第4章　幻灯片设计美化

比如，可以使用阳光下的人物的照片来表现出自信开心的感觉，为什么呢？管理好情绪的结果，就是保持心情舒畅，所以，我们可以找一张开心笑容的配图。

这里人物的状态就是人物自信所产生的结果。

同样地，如果想要体现出焦虑这一抽象的感觉，我们可以想一下，焦虑会给人带来什么后果呢？可能是垂头丧气。

3.意境化配图

这种配图方法往往被用来搜寻背景图，以衬托一种气氛，并不表现实际的内容含义，就是简单地烘托出一种感觉。

比如很多时候，在制作企业简介之类的PPT页面时，人们往往喜欢使用云里雾里的天空图片作为背景，无非就是表现出一种大气的感觉。

119

类似地，很多科技企业喜欢使用星空图片作为背景，无非也就是为了表现一种深邃未知的感觉。

再比如当我们制作一份大学生职业规划的PPT时，为了营造出未前景光明的感觉，会找一张朝阳在城市中升起的图片素材。

以上，就是常用的3种配图思维方式，再来总结一遍，分别是：

- 具象化配图
- 结果化配图
- 意境化配图

最后，再提醒一句，在你掌握了真正有效的搜图方法后，才能更好地使用图库网站。否则，收集再多的网站，也没什么用途。

在这里，再给大家推荐一些专业的图库素材网站。

资源4-02　pixabay

国外一家无版权图片素材网站，其中的图片资源十分丰富，而且质量很高，更重要的是它还支持中文搜索。

资源4-03　Pexels

虽然是国外的网站，但是打开速度极快，而且不需要注册即可免费下载。

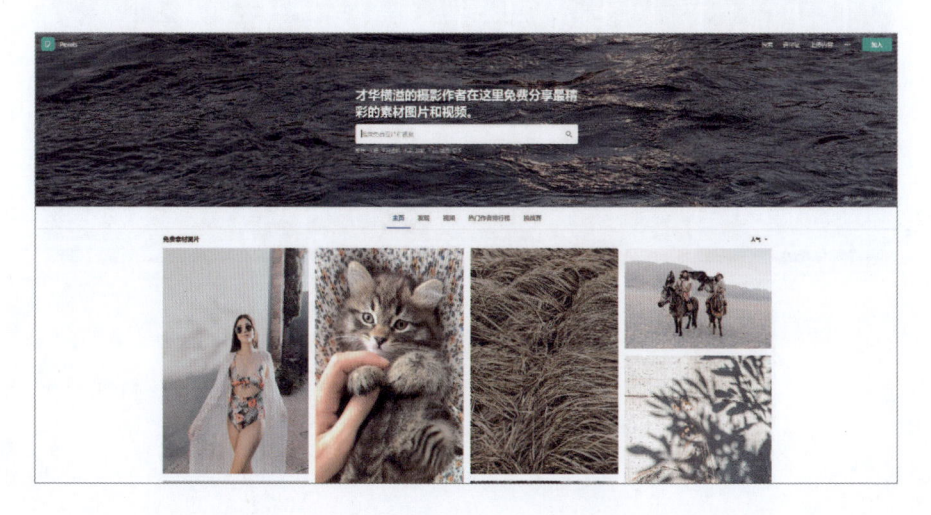

资源4-04 Unsplash

也是国外的一家图片网站，图片质量极高，除了用来做PPT，拿来当手机壁纸也很不错。

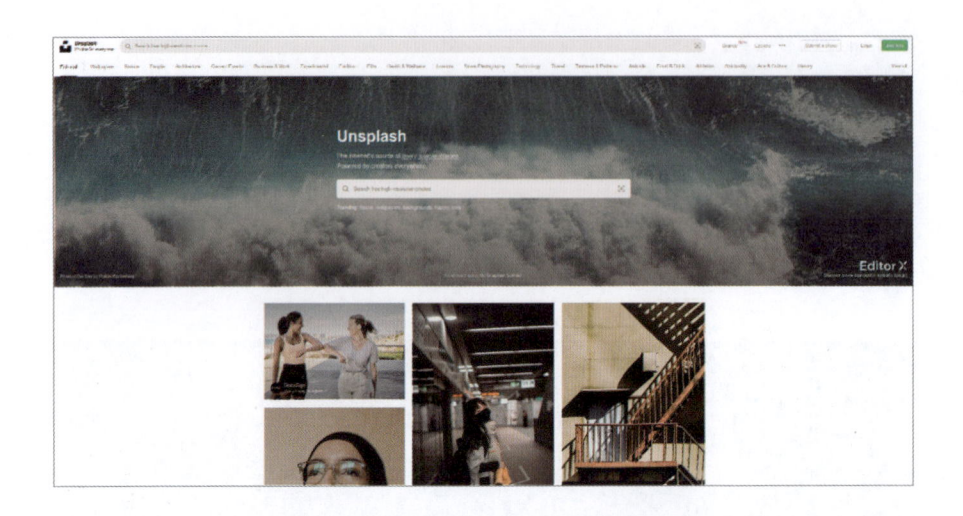

资源4-05 StockSnap

图片素材数量非常多，每周都会更新。

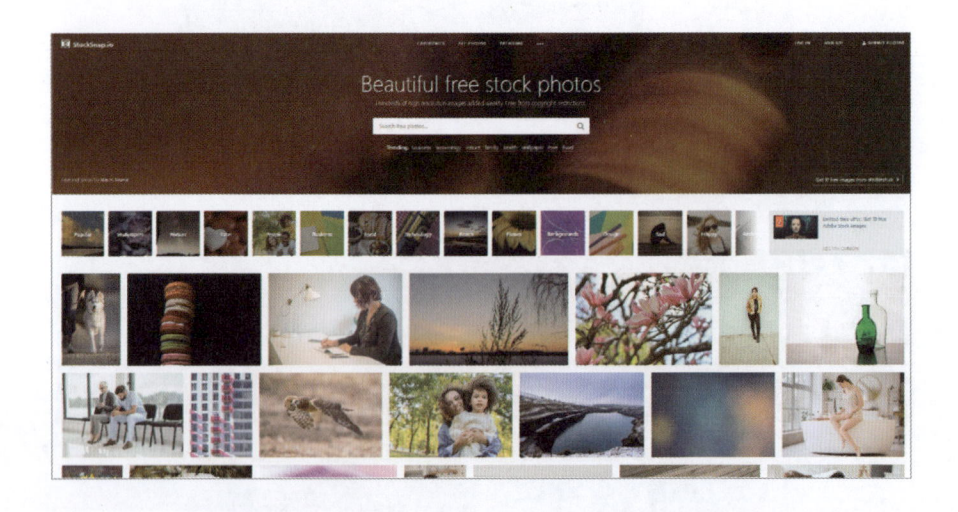

资源4-06 Foodiesfeed

  这是一个专门分享食物素材的图库，即便你做 PPT 时用不上，也建议打开看看，可以学习一下别人拍摄美食的摄影技巧。

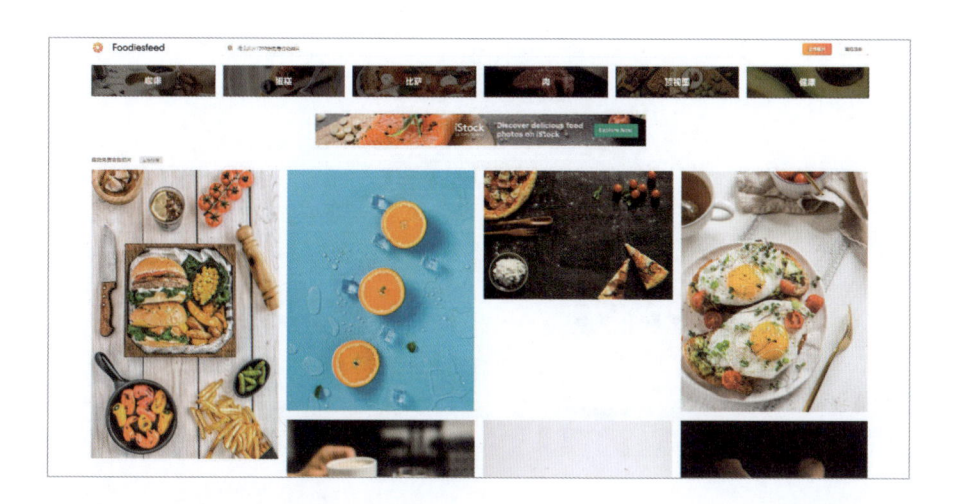

资源4-07　阿里巴巴图标素材库

听名字就知道是谁出品的了，使用体验非常好，但有一点，这个网站中的部分素材存在版权问题，使用时要谨慎。

资源4-08　Icons8

这是国外非常知名的一个图库平台，分享的素材质量很高，而且，其提供不同尺寸和不同类型的素材，分类很详细。

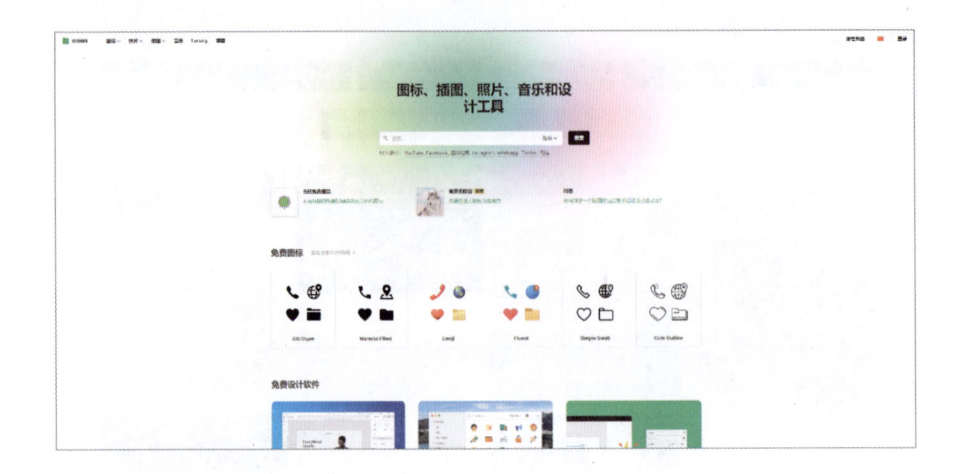

资源4-09　flaticon

这个图库也很厉害，唯一的缺点是，因为这是国外的图库网站，所以在国内访问时，网页加载速度有时有些慢。

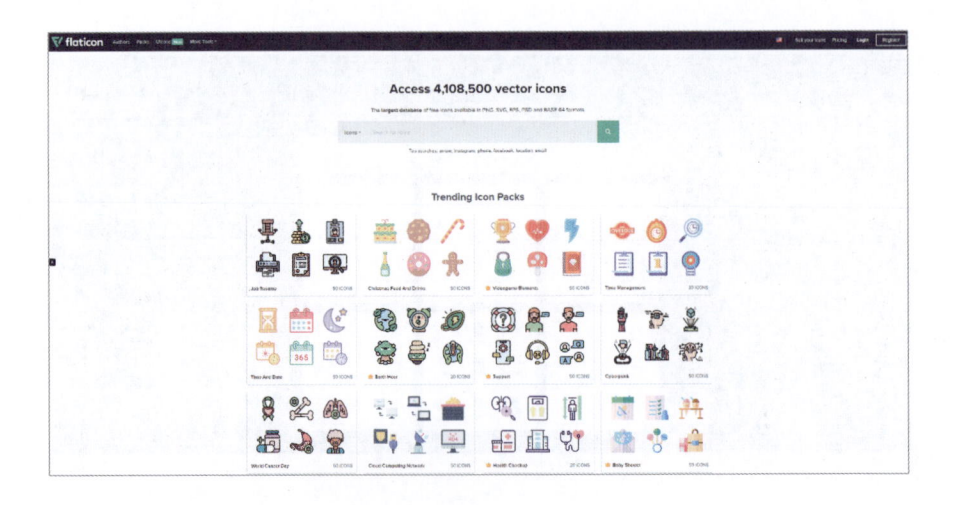

以上就是我收藏的一些免费的图片素材网站，建议你去看看，选择几个自己喜欢的，放在收藏夹里。

4.4　幻灯片背景选择的4大原则

PowerPoint支持4种类型的背景格式，但我们不能肆意地选择背景，因为如果背景选择不当，不仅会导致美感丧失，甚至可能会影响幻灯片内容的传递。

比如随便在百度图库中找一张抽象图片作为背景，这让我们几乎无法看清幻灯片中的内容。

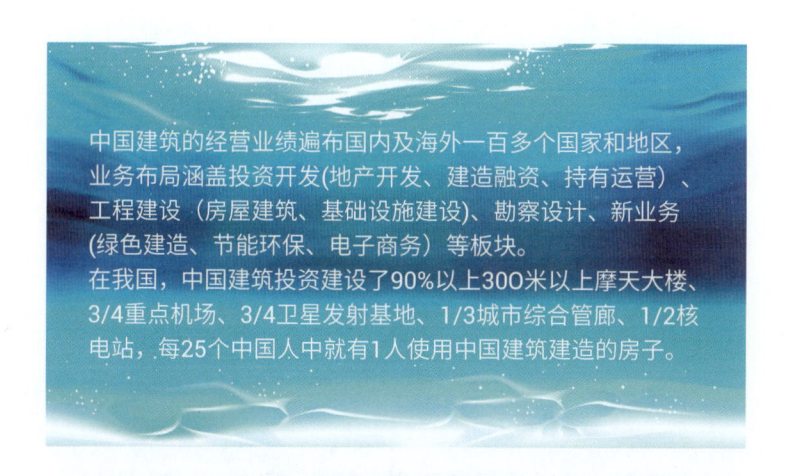

如果背景选用恰当的话，则不仅可以强化幻灯片所表达的主题，还会带来如下的视觉享受。

那么如何才能选用一张恰当的背景呢？可以从以下4个方面来考虑。

4.4.1 要确保背景不会阻碍内容传递

永远记住一点：背景只是为了辅助内容呈现，起到的是陪衬作用，内容才是我们真正想要表达的东西，千万不能颠倒主次关系。

在背景的选用方面，不要使用影响内容识别的风景图。

更不要使用有明显焦点的人物照、动物照等，不仅影响阅读，而且还会分散注意力。

单独看上面两张背景图片都很美观，但是让其作为背景，并需要在上面写字的话，则明显不合适。如果你不知道选择哪种背景的话，可以考虑使用白色或者浅灰色，虽然不出彩，但也不至于犯错误。

4.4.2　能跟内容主题相关会更好

如果仅从内容的可读性方面来考虑，还不足以选出一张恰当的背景图。因为背景的一个主要作用是让内容看起来更有表现力，更加符合主题需求，比如，科技感、神秘感等。所以，还需要在此维度上，另外增加一个主题性的维度。

给大家举个例子。我们可以用下面这样一张背景图来表现出虚拟数据的感觉。

再比如，可以用黑板背景来表现出学院派的感觉。

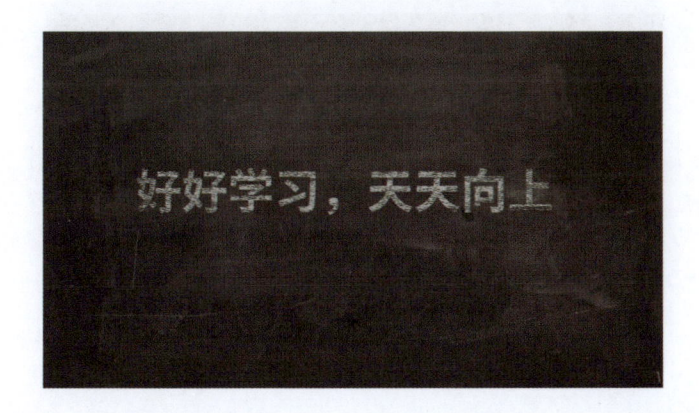

4.4.3　考虑配色问题

一般来说，黑、白、灰3种颜色属于大众色，能跟其他很多种颜色相匹配，这也是为什么大多数背景选择这些颜色的原因。而如果你选择了一些小众色彩，比如深蓝色、深红色等，在一些场合中，虽然也是恰当的，但是当你在为内容考虑配色方案时，可选择的范围就会小很多。通常，只能与白色搭配。

所以，如果你对色彩运用能力不强的话，建议不要使用这些颜色作为背景。

4.4.4 考虑演讲的场景

当然，如果你做的幻灯片是用于演讲的，需要被拍摄下来，在前面已经提过，最好选用深色背景。黑色磨砂背景也是一个不错的选择。

4.5 PPT高手和"小白"在图文排版上的差别

当在Word中写好文字稿后，在将其向PPT页面迁移的过程中，为了使页面看起来更加美观，我们需要考虑内容的排版。一般来说，对版式设计有概念的人，无论页面内容是多还是少，都能将其排得非常美观，就像下面所示的这样。

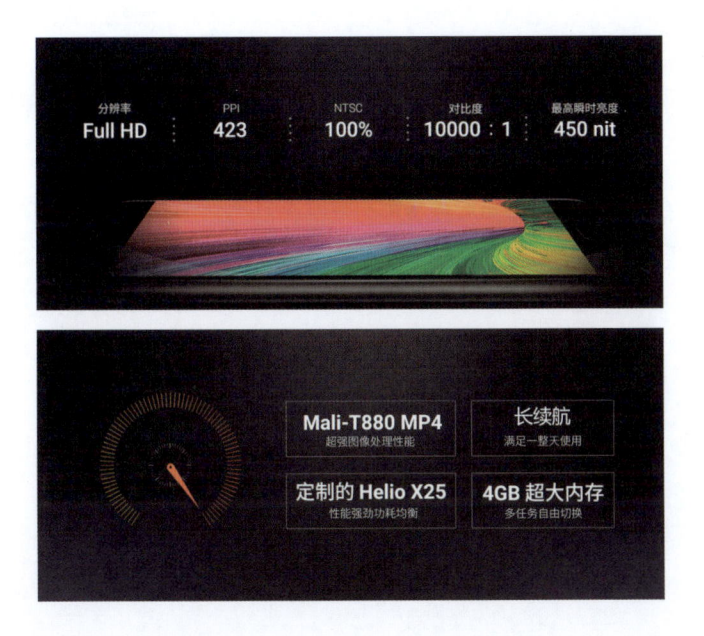

而对于排版没有概念，甚至没有意识的人，往往会做得惨不忍睹，大段大段的文字内容堆积在页面上，看起来没有重点。

给大家举个比较常见的例子。很多人在设计幻灯片时，为了图省事往往会直接把 Word 文档中的内容，复制粘贴到一个选定的 PPT 模板中。幻灯片往往会被做成下面这样。

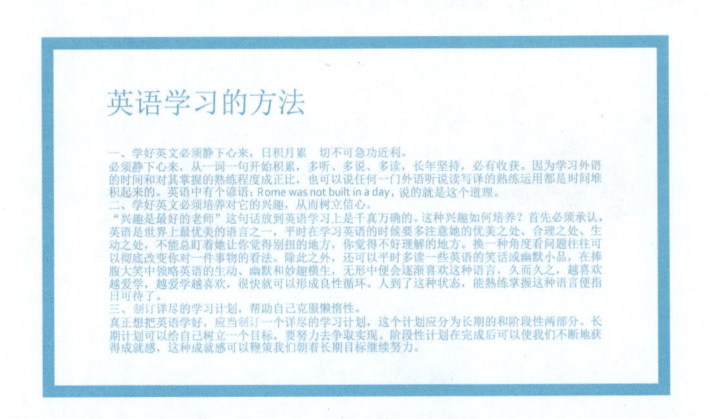

那么，如何才能做到对排版有概念呢？如果你看过上千个 PPT 模板案例，亲自做过上百份 PPT 作品，相信排版对你而言，易如反掌。但如果没有看过，也没有做过，你可以利用 PPT 排版的3个原则，相信会对你有一定的帮助。

那么，什么是 PPT 排版的3个原则呢？

4.5.1 对齐让版面更清爽

在排版时,为了让页面上的元素看起来更加整齐,我们需要将其对齐。这里分为两种情况。

第一种,对于单个段落而言。常用的对齐方式有3种,分别是:左对齐、居中对齐及右对齐,这非常容易理解。

如果牵扯到图文排版,则可以按照以下原则选择相应的对齐方式。

- 当图片在文段左边时,文段采用左对齐的方式。
- 当图片在文段顶部时,3种对齐方式均可,一般采用居中对齐的方式。
- 当图片在文段右边时,文段采用右对齐的方式。

对于多个段落而言。除了将其进行对齐外,还需要注意段落之间的距离是否保持了一致。

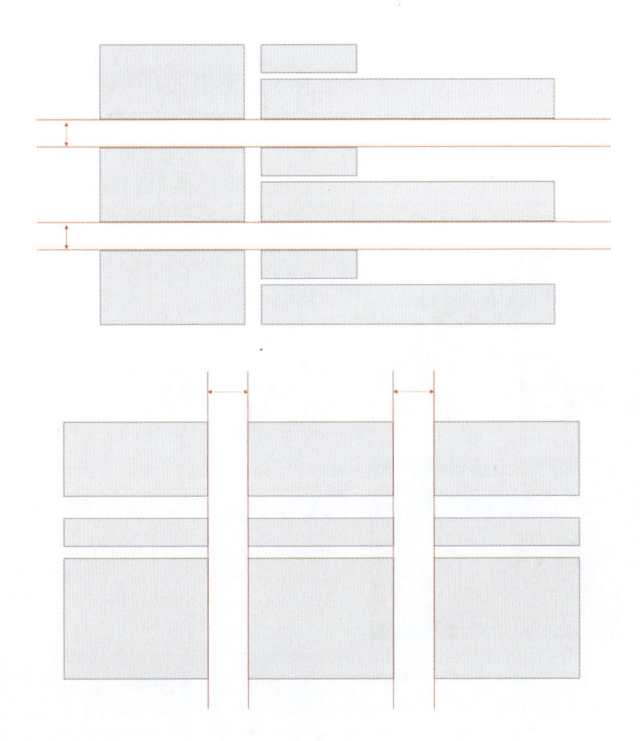

4.5.2 对比突出焦点

排版时为了让段落中的重点内容更加醒目,需要让重点内容和非重点内容产生对比感,否则,整个页面看起来过于平淡,缺失焦点。而让内容产生对比感的方法有以下几种。

1. 大小对比

一般来说,标题作为一段文字内容的提炼,算是重点内容,为了使其更加醒目,在字号的设定上,要大于正文选用的字号。

2. 颜色对比

在一段文字中,有特别重点的内容需要展示出来的话,可以考虑为其更换颜色。但记住一点,用一种颜色即可,不要为每一处重点内容都更换不同的颜色。

3. 粗细对比

对重点文字进行加粗处理有两点好处:不仅可以凸显重点内容,还可以让排版看起来更有层次感,更加美观。

4. 衬底对比

在前面谈过这一点,作用就是让重点内容更加醒目。

第4章　幻灯片设计美化

此外，如果页面上文字较少，在进行排版时，同样需要让重点内容和非重点内容进行对比。可以说，但凡遇到对文段进行排版的情况，都需要进行对比。

4.5.3　平衡让版式更和谐

合理安排页面上内容的位置关系，才能保持视觉上的平衡感，使页面看起来不空洞。常见的设置方法有以下几种。

1．中心对称

一般来说，当页面上只有一段话或者一张图片时，为了视觉平衡，就把它放到页面的中心位置。

2. 左右对称

如果页面上存在多个元素，为了达到视觉平衡，我们需要沿着中轴线来排列页面左右两侧的元素。

3. 上下对称

当页面上半部分出现一些元素（图片或者文字）时，相应地，为了保持视觉平衡，需要在下半部分也填充一些元素。

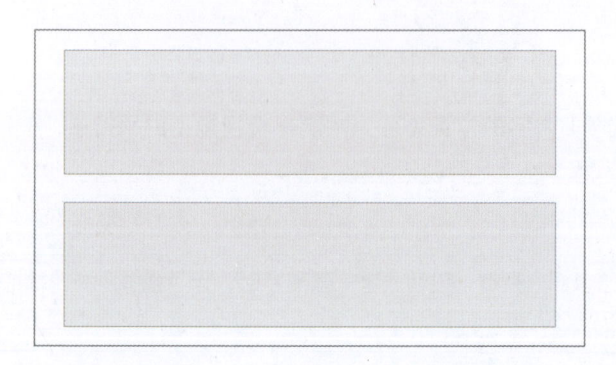

4．对角线对称

顾名思义，就是当页面左（右）下角出现一些元素时，需要在右（左）上角填充对等的内容，以维持视觉平衡。

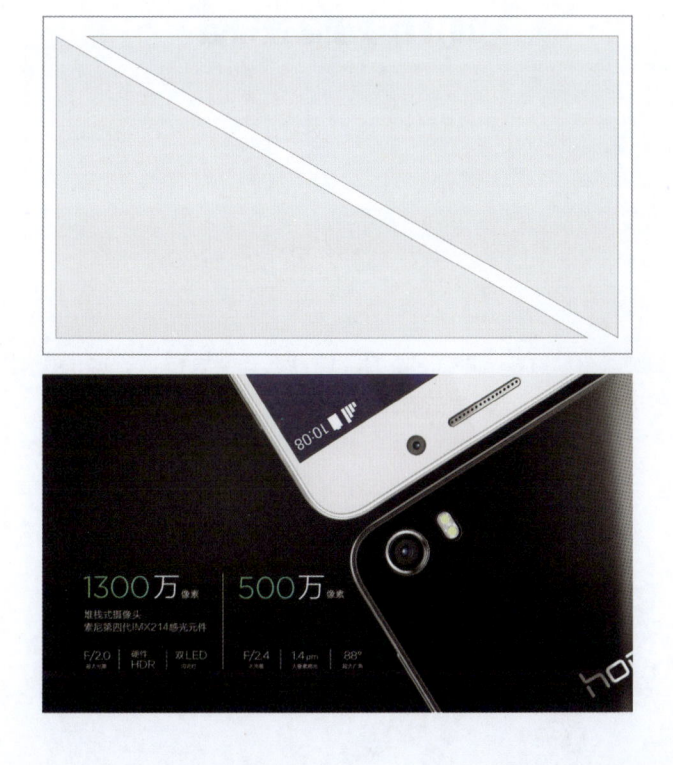

另外，如果你需要做全图型 PPT 的话，在元素的位置摆放上，需要先明确图片的视觉重心，然后在图片的非重心区域进行排版。比如在下面这张幻灯片中，背景图片的

视觉重心在下半部分，非重心区域在上半部分，所以，文字内容就应该放在上半部分的中心区域。

再比如下面这张幻灯片，偏左下角的区域存在一架大桥，占据了视觉重心，所以为了平衡，写字的区域应该位于图片的右上角区域。

以上就是在排版时需要注意的3个原则,再总结一下各自的作用。

- 对齐是为了让页面看起来更加整齐。
- 对比是为了体现出层次感,让重点内容更加突出。
- 平衡是为了确定页面元素的位置关系,使其看起来更加和谐。

4.6 封面设计的万能公式

先来给大家看一些我们之前做过的PPT封面案例。

5G Cloud VR
打造下一代
娱乐体验

橡果益生元
全球肠道保卫领航者
Acorn Prebiotics, Global Intestinal Defense Pilot
参赛组别：国际赛道 普通赛
队长姓名：旁门左道PPT工作室

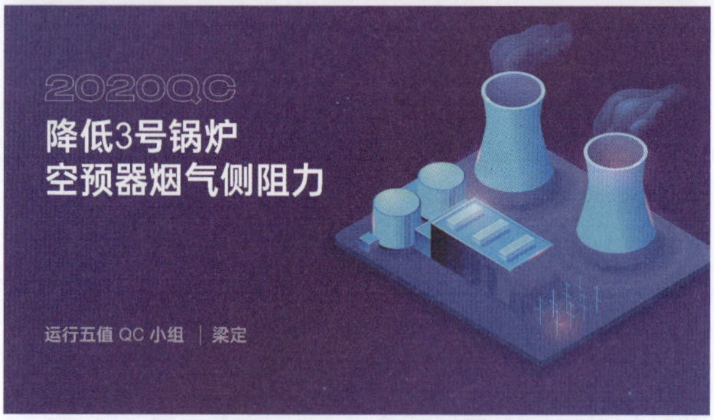
2020QC
降低3号锅炉
空预器烟气侧阻力
运行五值 QC 小组 | 梁定

茉莉花茶的
复兴之路
打造线上茉莉花茶领导品牌

第4章 幻灯片设计美化

看起来还不错，对吗？但不知道你有没有想过，这些封面到底是怎么做出来的呢？

很多人会觉得难度很大，需要专业的设计师使用专业的设计软件才可以，或者需要有创意才能做出来。

但其实不是，如果你经常翻看这些优秀的封面设计，会发现，在这些设计中存在着一个规律，而如果你能够掌握这个规律，那你就也能做出这些不错的PPT封面。

好了，那问题来了，这个封面设计的规律，到底是什么呢？

以下面这张封面为例。

如果把一张封面拆解开来，会发现，一般来说一张封面通常包含3层元素，分别是：

- 文字层
- 图形层
- 背景层

任何一张优秀的封面，都是从这3个方面着手进行创意设计的。接下来，咱们就逐个来说一下。

首先是文字层的处理

这里牵扯到两个方面：

- 一是文字的位置
- 二是文字的效果

文字的位置

在封面设计中，文字的位置一般会出现在两个地方，多数是居中排列：

其次是居左排列：

文字的效果

这里可以发挥的空间很大，且有很多种做法。

最简单的方法是为文字添加渐变效果。就像下图所示的这样。

或者是给文字填充一些纹理效果，以增加文字的质感。比如像下面这样，在文字中填充了金色纹理。

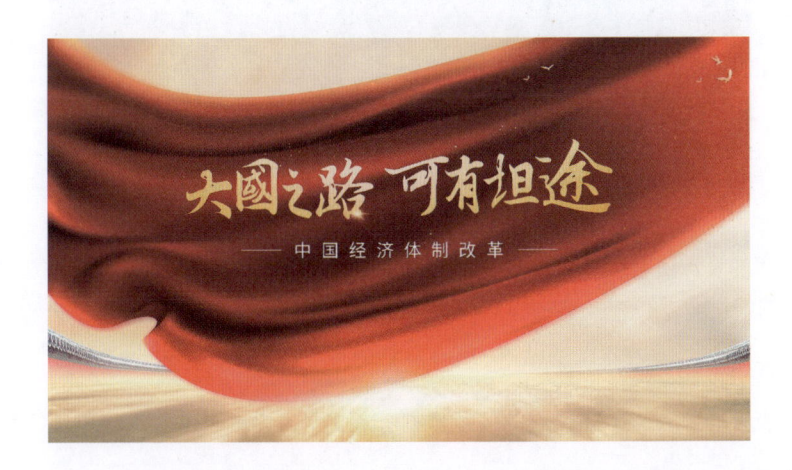

我们也可以利用布尔运算，通过笔画拆分，并单独设置部分笔画的渐变效果，将封面字效做成下面这样。

或者是像下面这样替换部分笔画的颜色。

对文字的设计还有很多种方式，只要你有足够的创意，就可以延伸出无数种形式，选择合适的使用即可。

接下来是图形层的处理

在封面设计中，为了确保底部的图片不会对文字内容产生干扰，我们可能需要使用色块来承载文字信息。

通常来讲，可以直接在文字底部添加一个半透明的形状色块。

比如像下面这个页面，可以看到，在文字底部加了一个半透明的蓝色色块。

第4章 幻灯片设计美化

它们之间的图层关系是怎样的呢，文字在上，图片在下，图形色块在中间。

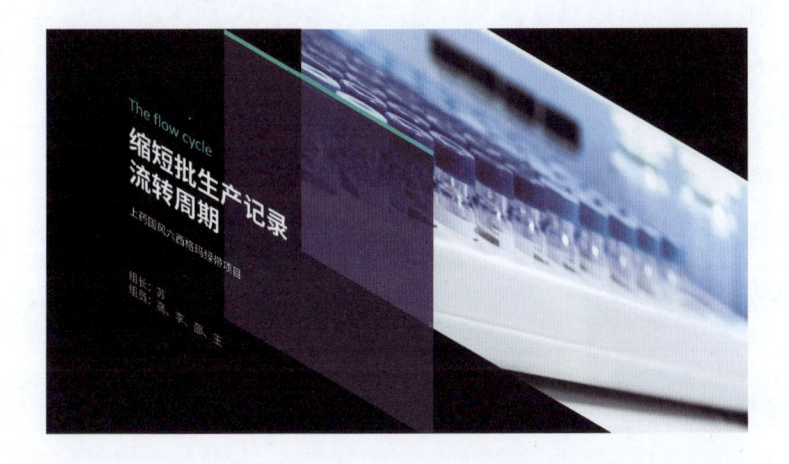

除此之外，还有一种方式，比如像下面这个页面，图片对文字也会产生干扰。

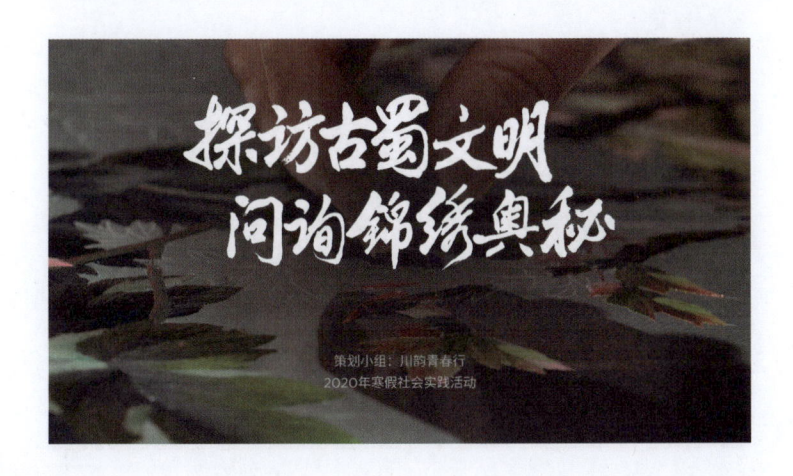

在这里，我们可以在文字区域底部插入一个椭圆色块。

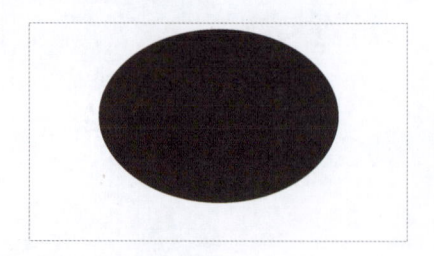

然后，调整椭圆的渐变效果。渐变"类型"设置为"路径"，"渐变光圈"保留左右两个光圈，"颜色"都设置为深绿色，并且将其中一端的光圈透明度值设为100%。

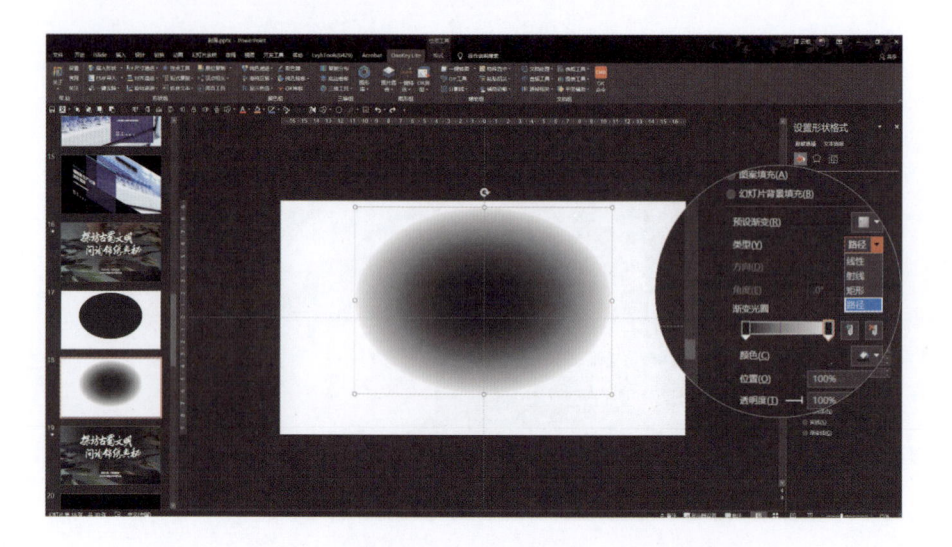

这时候，再来看一下效果，是不是好多了呢？

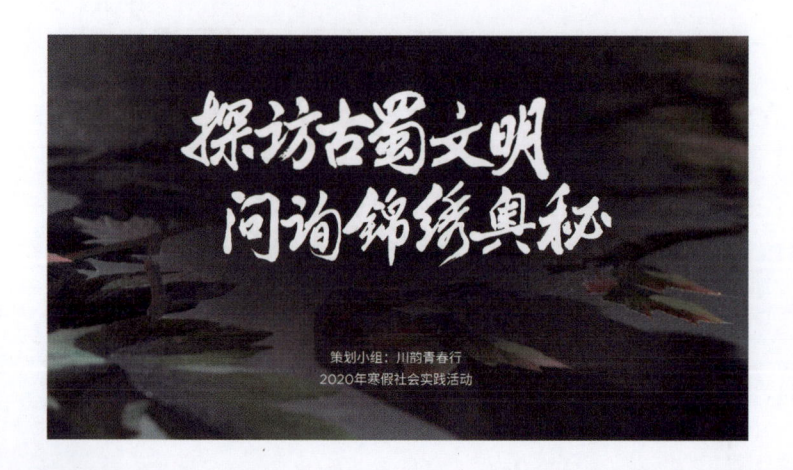

第4章 幻灯片设计美化

最后是背景层的处理

可以分两个方面来说，分别是：

- 使用纯色背景
- 使用图片背景

在这些背景的选择上，有哪些需要注意的地方呢？

如果是纯色背景，建议选择深色背景或者彩色背景，因为这会让页面的视觉效果显得更加丰富，不会让人感觉单调乏味。

举几个例子，比如像下面这个页面，背景使用的是大面积的蓝色色块，这样，即便只有简单的信息排版，我们也不会觉得页面单调。

当然，使用彩色背景也可以起到丰富页面视觉的效果。

如果使用图片作为背景，只需图片的含义与文案有关联即可。

什么意思呢？举个例子来说。

比如下面这个封面，内容讲的是百度贴吧的营销方案，所以在配图上，可以选择一张用户使用贴吧进行互动的图片。

再比如下面这个页面，文案内容是某铜业集团的信息，所以，为了建立关联性，可以选择一张与之相关的配图。

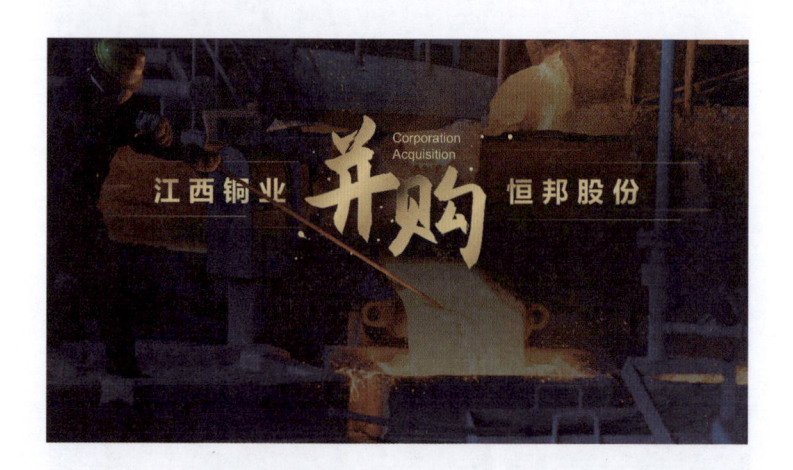

这就是我在设计 PPT 封面时遵循的一些规律。

接下来，为了能够让大家更容易理解这个规律，咱们通过一个实际的案例来练习一遍。

比如我们现在要制作下面这样一张封面，文案内容如下：

第4章　幻灯片设计美化

从内容来看，风格偏向科技感，所以，我们就朝这个方向进行设计。

首先是文案的布局

因为只有一句话，所以，可以选择居中排列。

接下来是文字的效果

在字效处理上有很多种方式，咱们可以多做几个版本。比如可以使用毛笔字体+渐变的效果。

也可以利用拆分，对笔画进行渐隐处理。

再来个有点难度的，可以使用 AI 软件进行字体设计。

哪一种效果都是可以的。而在页面图形的使用上，因为已经为字体添加了很多效果，所以，就不用再加图形了。

最后是页面的背景处理

既然是科技感十足的封面，我们可以找一些偏向科技的背景图片。比如像下面这张。

或者像下面这张，都是可以的。

当然，还有其他的选择，在这里就不一一列举了。

当对文字、图形和背景进行处理后，接下来要做的，无非就是拼组，把元素拼在一个页面上。

比如可以这样来拼，使用发光字效+背景图片。

也可以换一种方式，使用渐隐字效+背景图片。

当然，还可以使用线性背景图+文字的设计。

明白了吗？以上就是PPT封面设计的规律。

很多时候，可能我们学会了很多技巧，但如何把这些技巧综合起来使用，从而做出一份优秀的PPT作品，才是我们要思考的问题。

4.7　PPT高手和"小白"设计图表时，有哪些差别

如果说一张合适的PPT配图的表现力胜过一千句文字，那么一张合适的图表则能够胜过一千组干巴巴的数据。但这个条件的前提是，你要有能力做出令人悦目的PPT图表。

一般来说，一张美观的图表一般长什么样呢？我在网上找了一下，大概是下面这样。

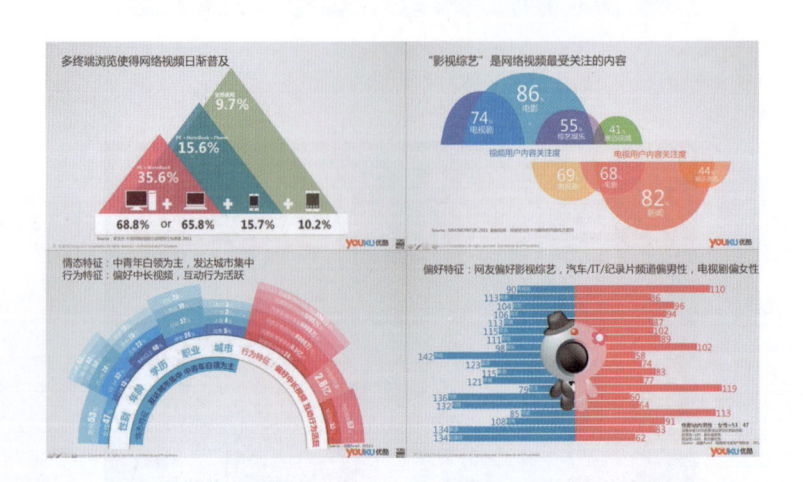

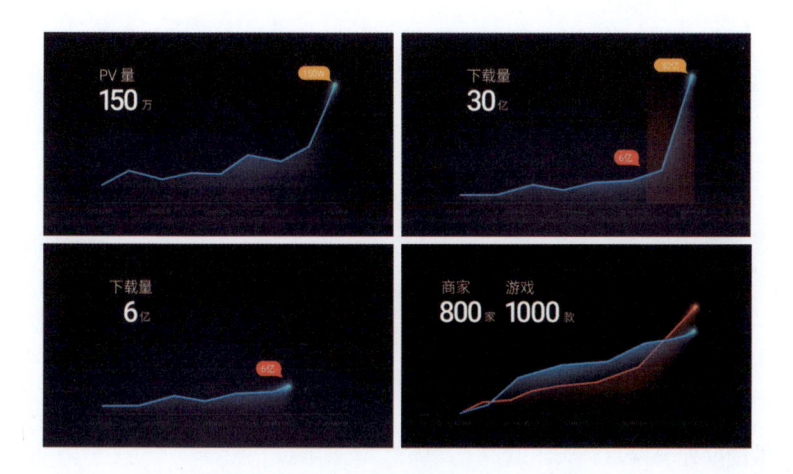

而普通的PPT图表一般长什么样呢？随便从网上搜到了这样一张，虽然没有特色，但能够说明问题。

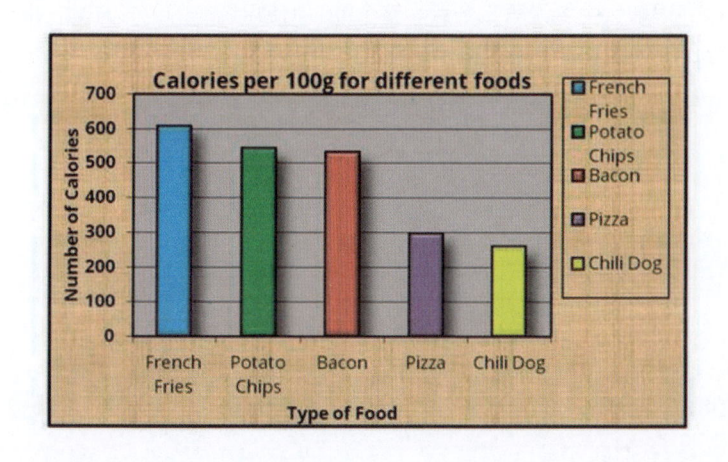

4.7.1 图表美化的三板斧

如何才能逆袭，做出一张美观的图表呢？我认为可以从两个方面来说：配色方案和图表类型的更替。

1. 配色方案

配色是否美观是一个相对的概念，没有固定的标准，在不同的PPT中，有不同的标准。在这里只说一点，那就是一定要保持色彩统一。一旦选定了整套幻灯片的配色方案，在为图表配色时，就要选择统一的色彩，不要选取方案之外的颜色。

比如我们的幻灯片选定了蓝绿色调，那么，所有的图表都要按照蓝绿色进行搭配。

这样做的好处有两点：

- 整体显得很统一，有设计感。
- 可降低用户看图表时的认知成本。

第一点很好理解，主要说第二个点。整个PPT中使用统一的色彩方案，用户不用再思考每一种色彩代表什么事物，从而减少认知成本。

图表美化需要注意的第一点是要注意配色统一。现在有一些图表配色网站可帮助我们统一配色。

2. 图表类型的更替

虽然PowerPoint提供了很多种图表类型，但95%的人只用到了常见的几种，比如，饼图、柱状图、折线图等，并且只会进行简单的配色修改或者大小修改。

其实，我们还可以轻松地做出立体图表。

第4章　幻灯片设计美化

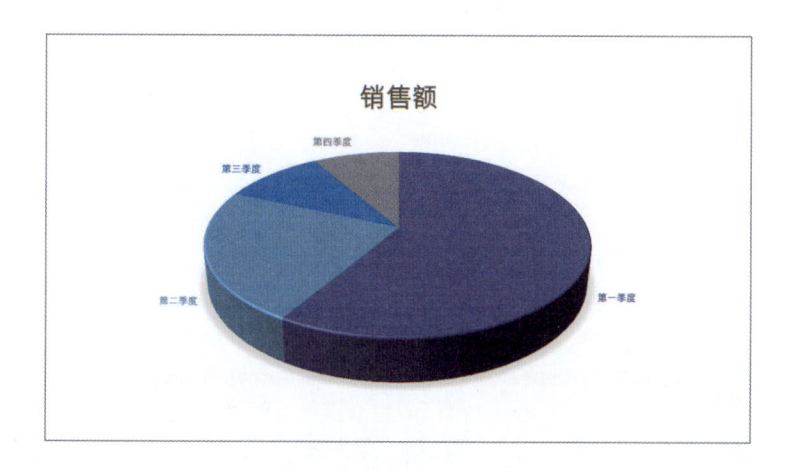

还可以把柱状图的上半部分设置为无颜色填充,并且为其添加蓝色边框线。可以把图表做成下面这样。

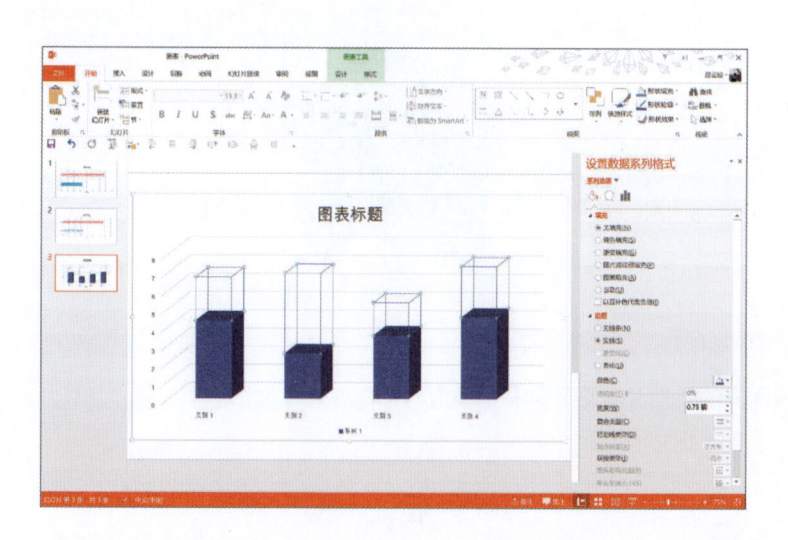

当然,如果你不喜欢棱角分明的柱状图,可以将其修改为圆柱体,或者圆锥等。

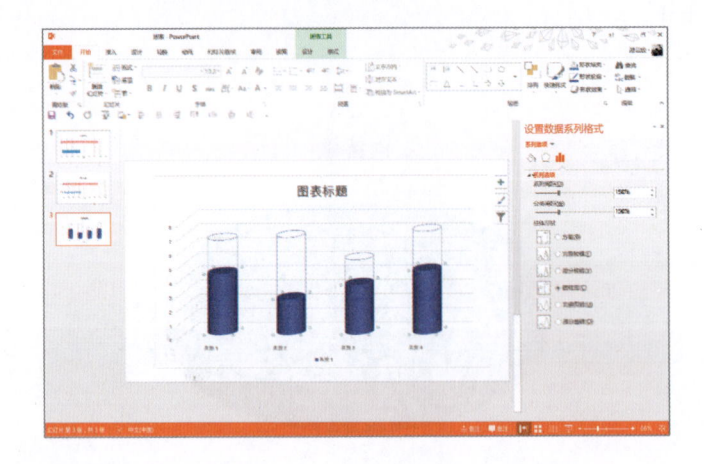

另外，在对多项数据进行对比时，比如，用来分析3位运动员的各项能力指数，使用雷达图也许更合适。

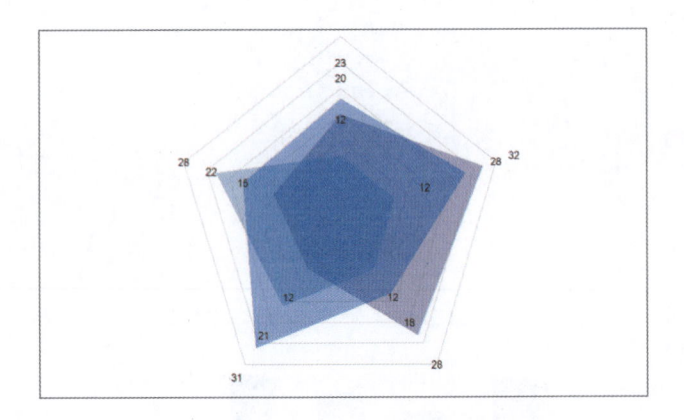

如果图表的类别和数据系列都是数值，可以使用曲面图。

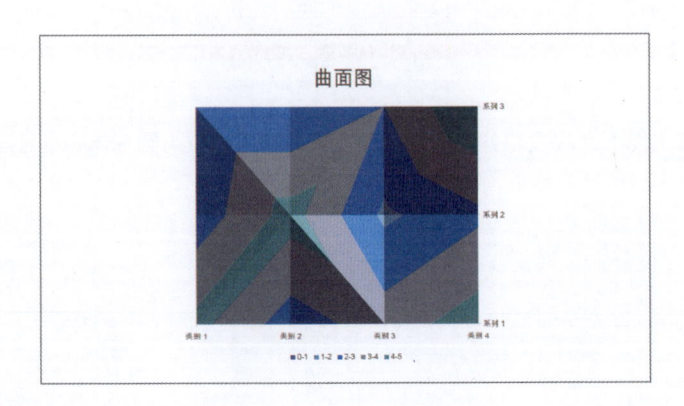

如果用来表现股价的波动，则可以使用股价图。

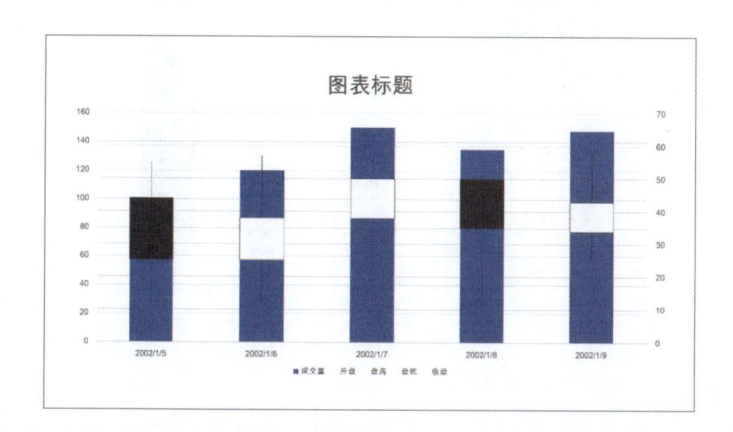

有些人可能会说，这些图表类型在我的PPT中都用不到，所以我就没有使用图表。

有这种想法的朋友，自然享受不到数据图表给他的工作带来的便利，这也就引出我们接下来要说的这一点。

4.7.2　信息图表的运用

如果说图表是为了直观地展示数据，那么，信息图表就是在直观性的维度上，又增加了一个生动性的维度，让人更容易接受。而如果你之前对信息图表的了解不是很多，可以先欣赏一些案例。

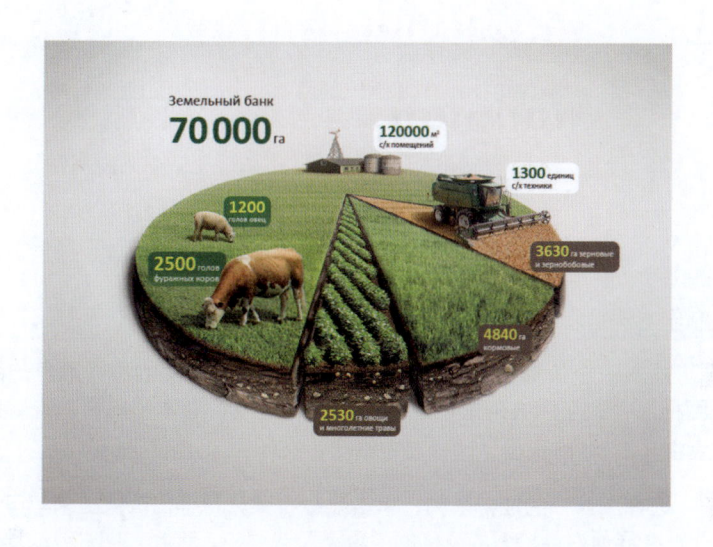

以上信息图表都是利用专业的工具设计出来的，难度较大。而如果只是想简单地在幻灯片设计中把图表处理得生动一些，对专业性要求不是那么高的话，可以参考下面我给出的两个技巧。

1. 利用图片填充来设计信息图表

假如我们要做一页关于某款产品男女用户性别占比的图表。为了能够体现出生动性，我们想使用代表男女用户的图标来表现用户占比，就像下面这样。

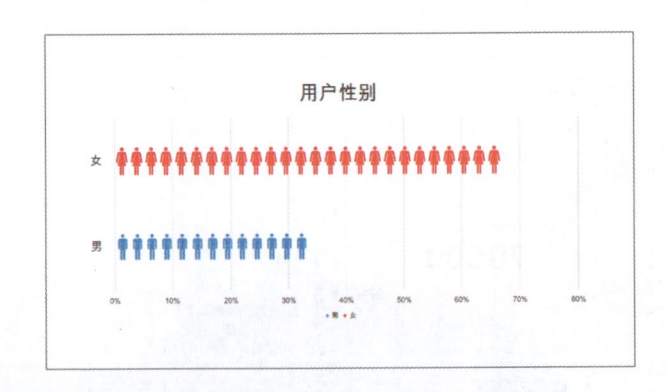

具体的制作方法是怎样的呢？给大家做一个演示。

Step 1 插入一个条形图表，找到两个分别代表男和女的不同颜色的图标（对于这种扁平化图标而言，可以去阿里巴巴图标素材库寻找，在本书前面的内容中已经介绍过），下载后将其插入PPT页面，选择其中一个，按Ctrl+C组合键进行复制。

Step 2 选择图表中的任一系列，单击鼠标右键，从弹出的快捷菜单中选择"设置数据点格式"，在界面右侧打开的窗格的"填充"选项中，选择"图片或纹理填充"，选择刚才下载的小图标。注意，一定要勾选"层叠"选项，这样才能使小图标平铺在图表系列中。

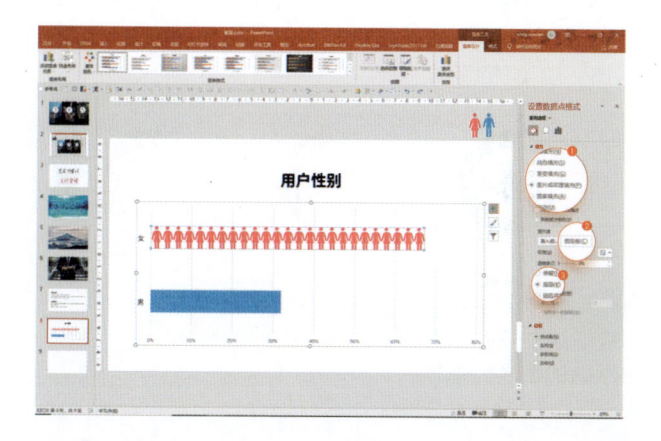

Step 3 对于另一个图表系列而言，操作方法相同。一张简单的信息图表由此而生。

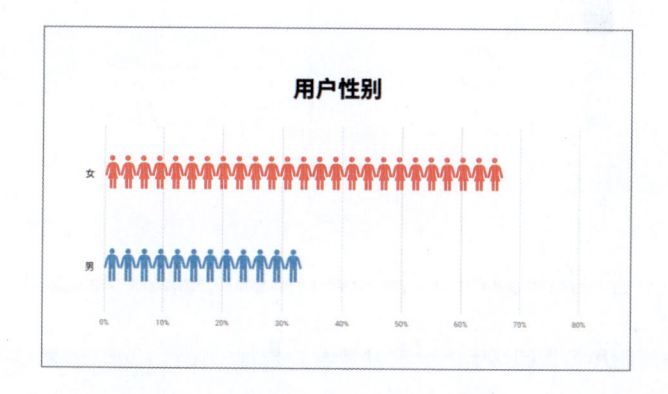

当然，利用这一方法还可以做出更多有意思的信息图表。

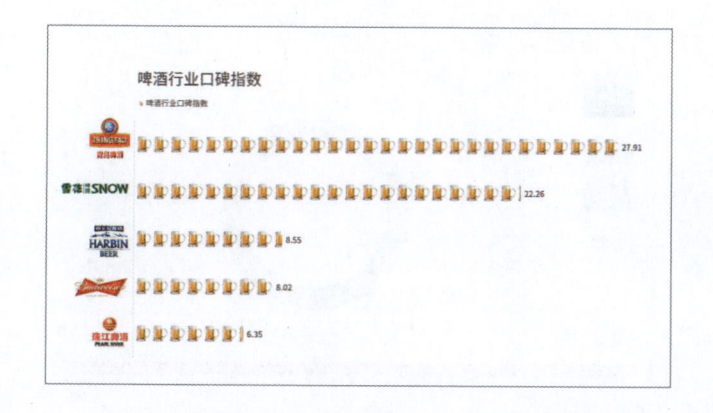

2．利用特殊数值的设定来设计信息图表

当需要对比不同年份的数据时，可以使用多重圆环进行表示。

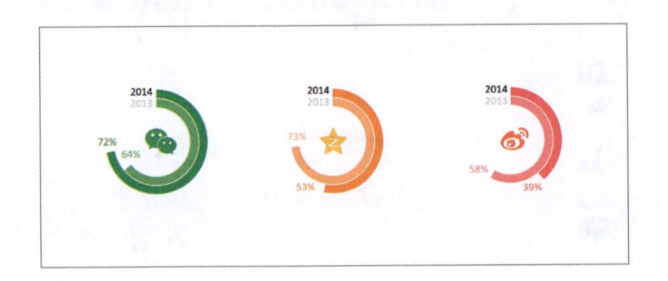

PowerPoint 中默认的图表为单环。

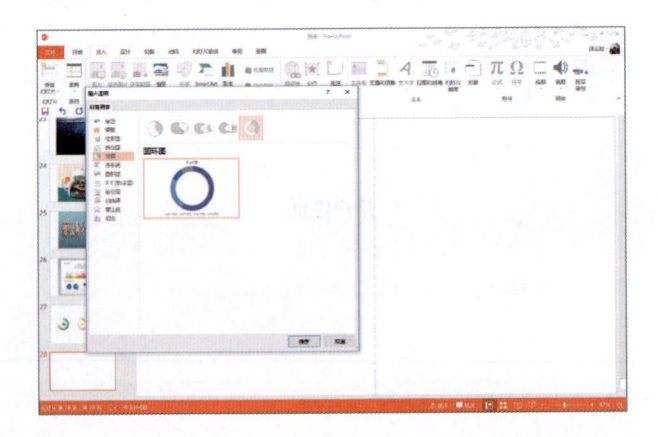

那么，如何添加多重圆环呢？大家注意看好数据的设置方法。在默认的数据右侧，添加列1和列2。

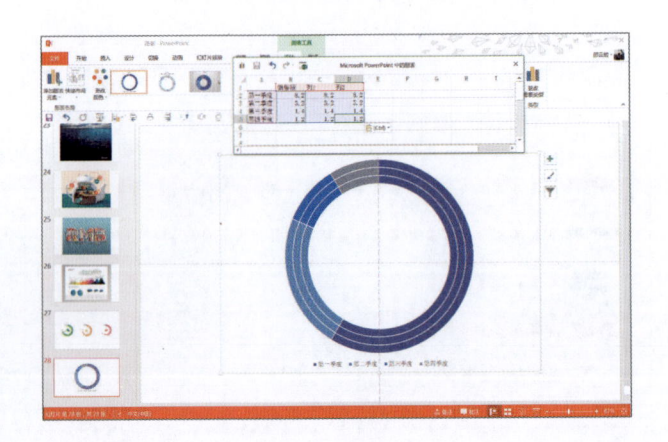

而想要做出效果一样的圆环，可以分解为两个步骤。

Step 1　按照单个圆环的数值和为100的方式，分别设置两部分的数据，比如64与36。

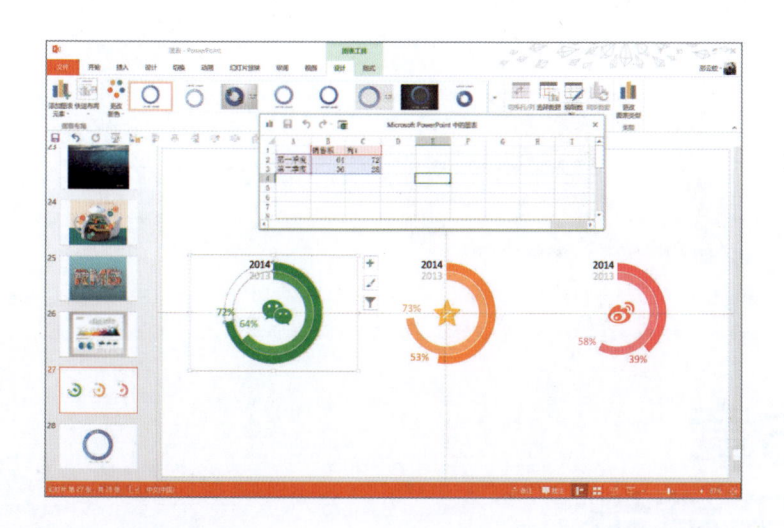

Step 2　将不需要显示的圆环部分设置为无颜色填充、无线条边框。

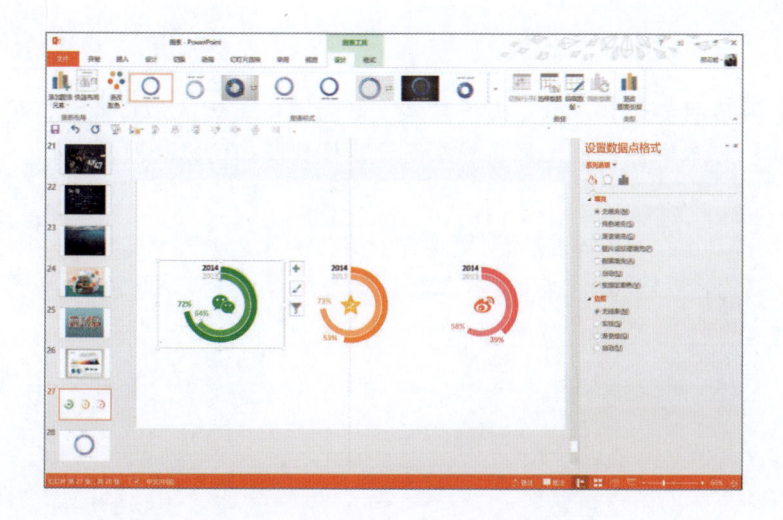

这样就利用特殊数值的设定轻松地搞定了一张简易的信息图表。

Chapter 05

第5章
关于模板

对于很多朋友而言，离开模板基本上就做不出美观的幻灯片，这是一个不争的事实。在本章，我跟大家聊聊如何寻找模板及如何修改模板。

5.1 这可能是最全的 PPT 模板寻找指南

对于大部分朋友而言，模板可能是他们在设计幻灯片时的一种必需品，离开模板就做不好幻灯片的情况比比皆是。从另一个侧面可以说，寻找到的模板的美观程度基本代表了幻灯片成品的美观程度。如果找到的模板丑陋不堪，那最终的成品也好看不到哪里去。

而如果他们找到的模板是精美的，最终的成品可能会美观很多。如何才能找到美观的幻灯片模板呢？基于对国内一些模板网站的了解，我列了一个清单，供大家参考。

5.1.1 免费模板资源

资源5-01 微软官方模板

推荐微软官方模板网站OfficePlus，有两点原因：一是模板比较漂亮，二是因为提供的模板比较注重设计规范，通俗点讲就是，用户容易修改套用。

资源5-02　扑奔网

不错的模板网站，提供的模板数量较多，而且美观性也属上乘。

资源5-03　PPTFans

这个网站不仅提供模板，还有很多有价值的学习教程。

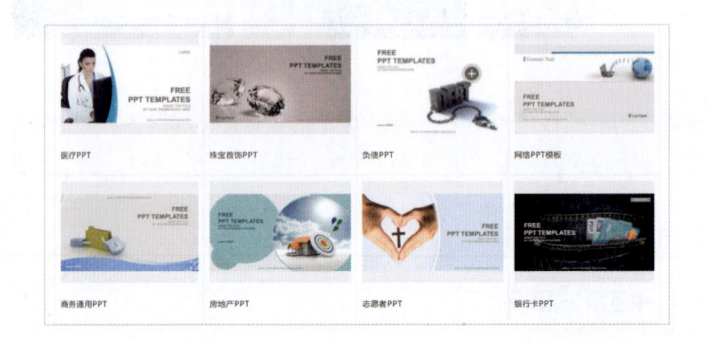

资源5-04　优品PPT

网站搜罗了很多互联网上流传的PPT模板及有内容的作品，数量很多。

资源5-05　比格PPT

这个网站属于个人博客，提供的模板多为原创设计，数量不多，但质量不错。

5.1.2 收费模板资源

资源5-06　PPTSTORE

这个网站相当于模板界的淘宝网,很多设计师想要靠卖作品创收的话,会选择这个平台。由于收费才能下载,所以质量很好,而且几乎不用担心与别人模板雷同的情况发生。

资源5-07　演界网

演界网同样提供了很多付费的模板,为多位平台设计师原创设计。

以上,就是一些常用的模板搜索引擎,希望能够帮大家找到不错的模板。

5.2　两个不可不知的母版使用技巧

如果需要在页面上放置一些固定元素,而且,为了避免这些元素被挪动,比如像页面中的LOGO、页码信息、版权信息等，这时需要用到母版的功能。

单击"视图"→"幻灯片母版"，可进入母版的操作界面。

在这个界面中可以看到，这里有若干个版式和一个母版（最上面那个叫母版）。

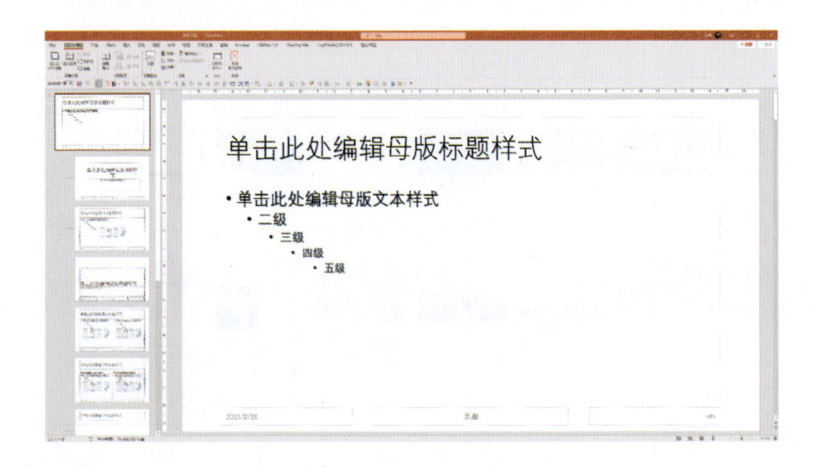

当在母版中添加一个元素后，在所有的版式中都会出现这个元素。

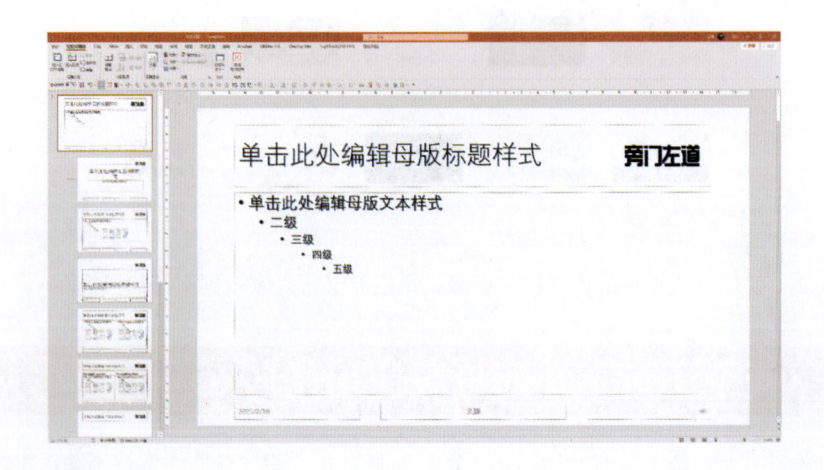

那什么是版式呢？通俗地说，就是版面的样式。也许你从来没有留意过这个功能，但是不知道你是否想过，为什么打开PPT软件之后，出现的版式是这样的呢？

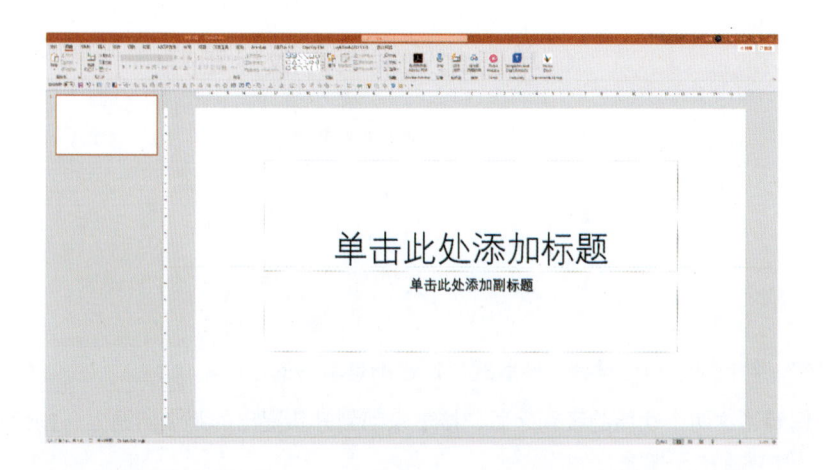

其实这就是默认的版式，单击"版式"选项，你会发现还有很多不同的样式。

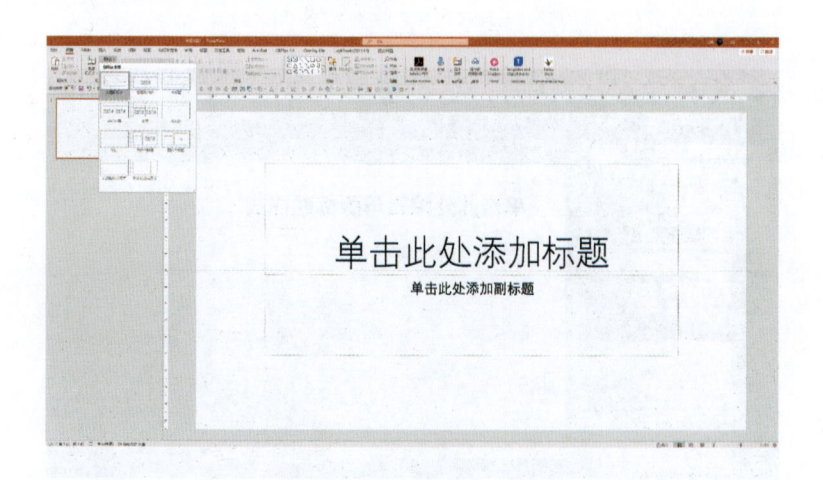

而这些对应的，就是在母版视图中所看到的那些版式。

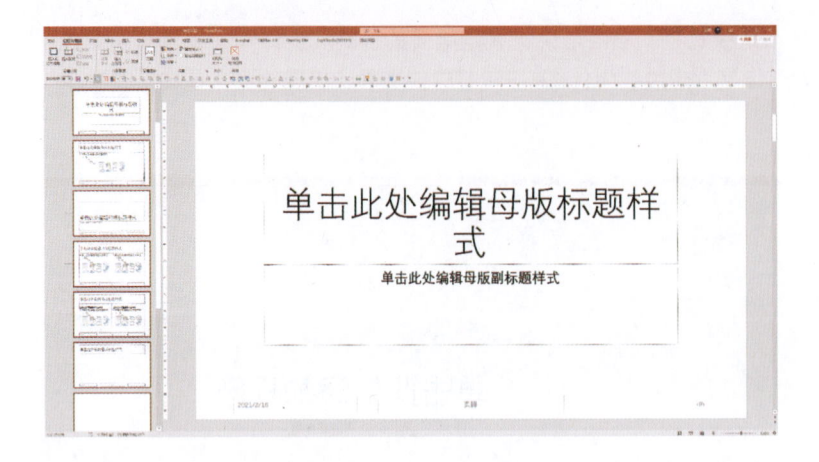

当然，你也可以自己设计一些版式，但这不是本书的重点。

当理解了这两个功能的区别之后，接下来回到开头提出的那个问题上，如何在页面中添加一些固定的元素呢？

在母版中，把对应的元素放上即可，比如加一个LOGO，那么，所有的页面中都会出现这个LOGO。

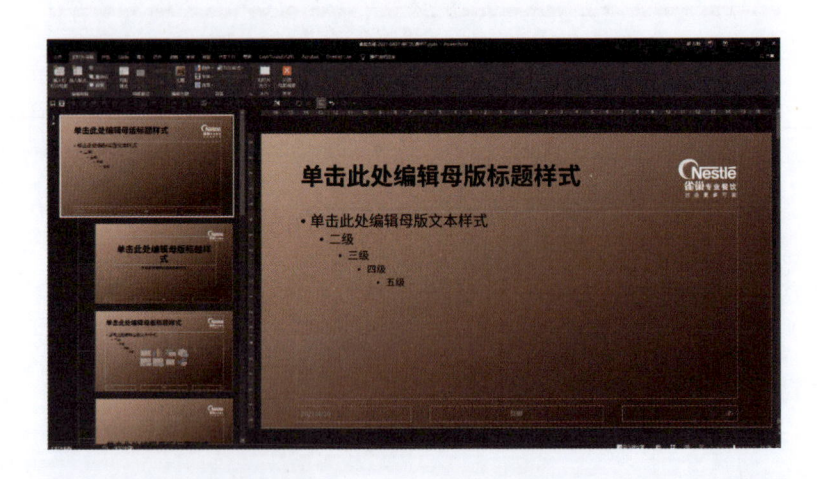

除了添加LOGO外，我们在做PPT之前，还需要自定义整份PPT的设计风格，具体来说，就是设定字体、颜色及背景等。

我们可以在这里进行自定义字体搭配：

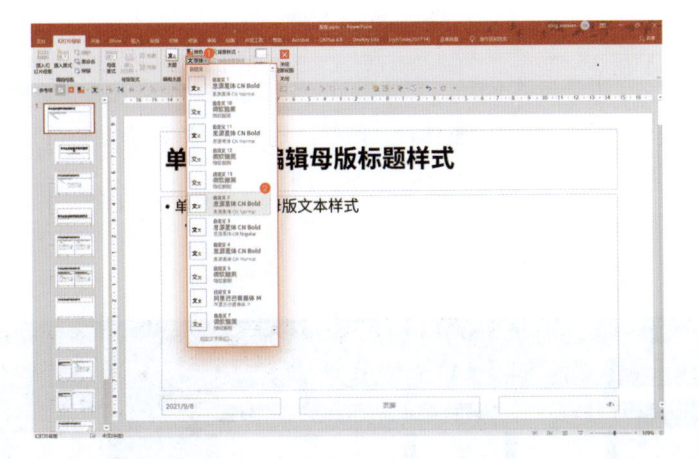

还可以自定义色彩方案：

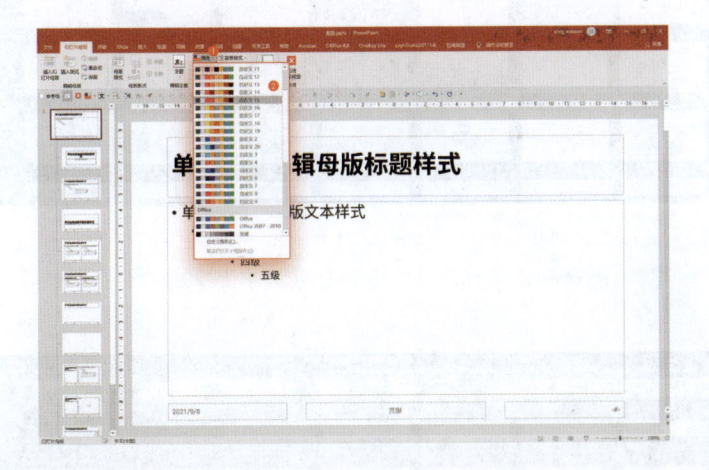

也可以设定背景色：

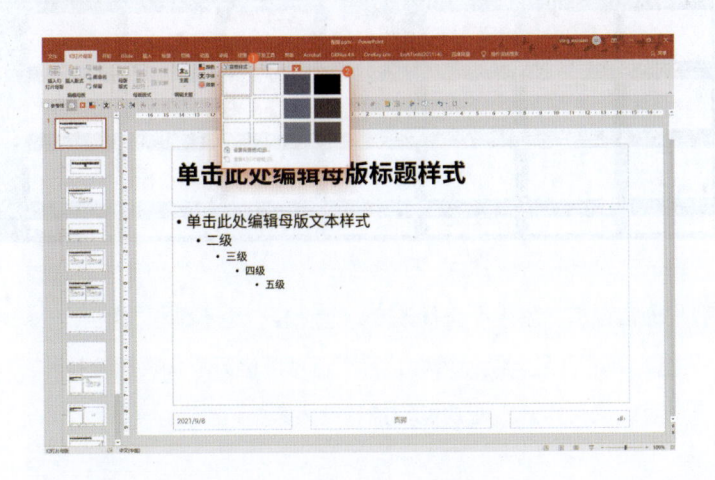

这样做的好处有两个：

- 当自定义了设计风格之后，PPT中默认的字体和颜色就会按设定好的进行显示。
- 如果后期你想修改PPT的整体设计风格，那么只需在这里重新调整，就会发生全局的改变。

比如原本的设计风格是下面这样的。

当改变了字体、颜色和背景之后，它会自动变成下面这样。

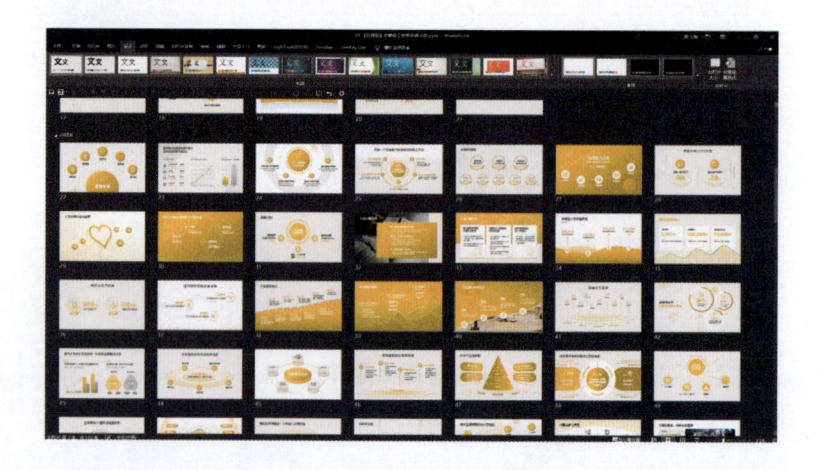

也就是我们通常说的，发生了全局改变，怎么样，是不是很方便？

除可以添加LOGO、自定义设计风格，我们还可以进行添加页码等操作。

这些就是母版比较实用的一些功能，推荐给大家尝试使用。

Chapter 06

第6章
幻灯片的多样呈现

你知道吗，使用PowerPoint不仅能做出幻灯片，还能用来呈现视频、海报及H5等。如果你想让PowerPoint成为工作中的"多面手"，那么这一章值得一读。

6.1 有哪些需要留意的保存细节

在完成了PPT页面的制作后,你需要思考的另一个问题可能就是保存。

为了能够让PPT按照你所想的方式进行保存,有以下几个技巧。

6.1.1 嵌入字体

若你在制作PPT时使用了一些特殊的字体,在你电脑中展示的效果可能是下图这样的。

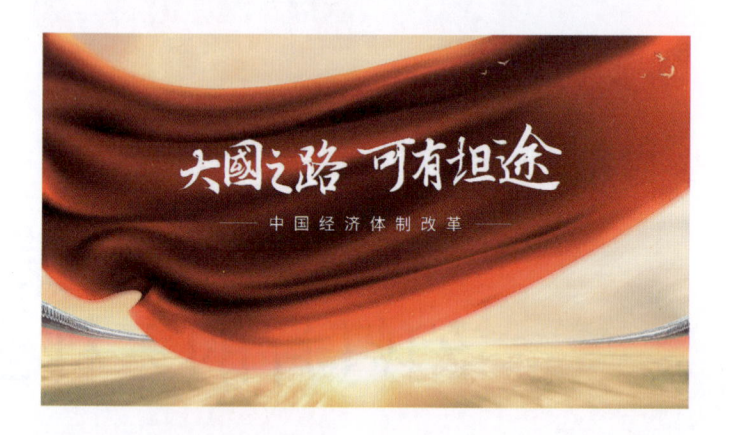

但是,当你将文件传输给别人,而他的电脑中没有安装这个字体时,PPT的呈现效果就变成了下面这样。

所以,我们需要执行的一个操作是,将字体嵌入PPT。选择"文件"→"选项",在"保存"项的右侧设置栏中,勾选"将字体嵌入文件"。

第6章　幻灯片的多样呈现

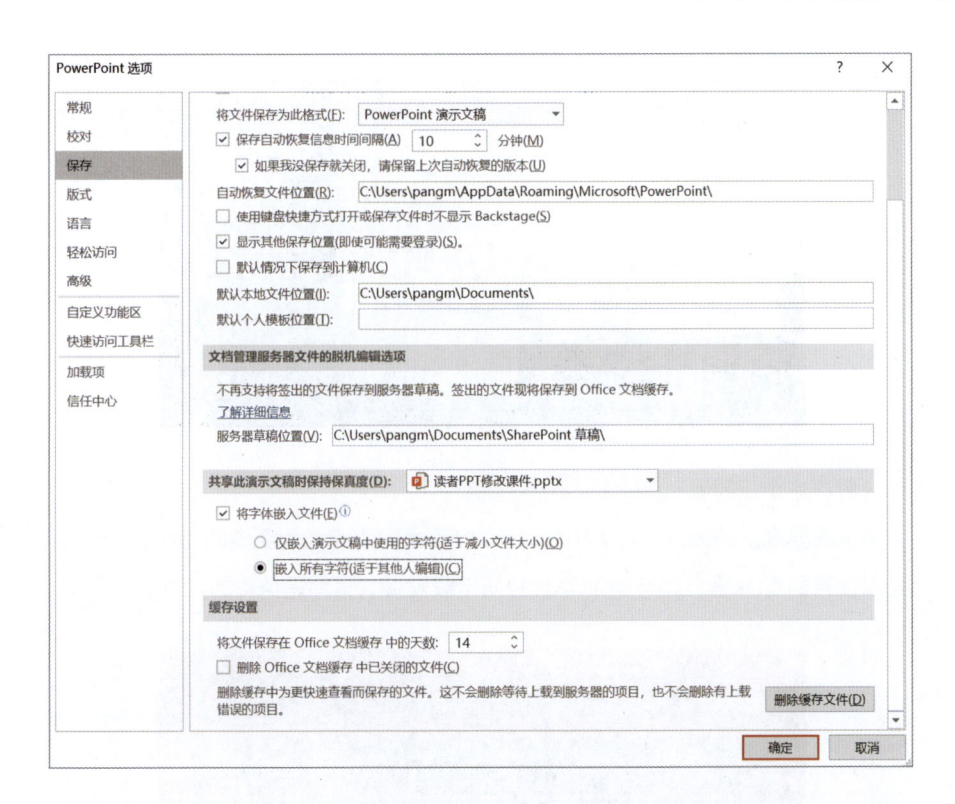

但有时，在你嵌入字体后，进行保存时会出现下图所示的提示。

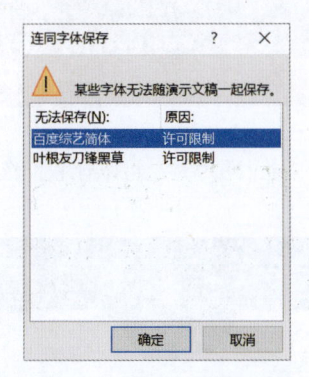

这是因为这些字体本身不支持嵌入。这该如何解决呢？你需要做的就是将字体文件传输给别人，让对方在自己的电脑中进行安装，然后再打开PPT即可。

6.1.2 导出高清图片

当使用PPT默认的"另存为"方式将PPT页面导出为图片时，图片的分辨率并不高，这带来的问题就是，稍微放大图片就会不清晰。

怎么解决这个问题呢？

如果你需要高清的图片，或者需要打印PPT页面，那可能需要借助插件。可以使用的有OK插件，可到OKTools官网下载安装，插件是免费的。

这款插件的一个优点是，在导出图片时，可以让我们选择图片的分辨率。

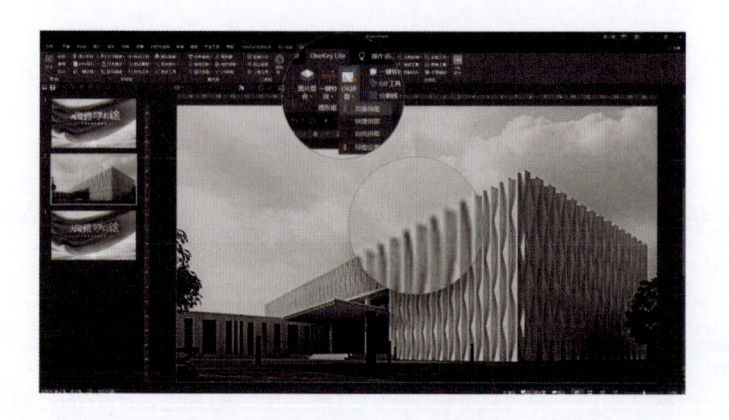

一般而言，设置为300 DPI即可。

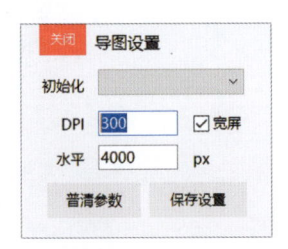

这样就能导出极其高清，甚至可以直接用来打印的图片了。

6.2 如何防止他人修改幻灯片

当前，我们对PPT作品的著作权的保护力度远远不够，抄袭行为时有发生。而且，即便发现侵权行为，诉讼成本也非常高。为了防止他人恶意修改我们的幻灯片，需要学会对作品进行加密，这不仅是对文件的一种保护，更是对设计师本人或者公司资产的一种保护。

应该如何对文件进行加密保存呢？操作步骤分为两步。

Step 1 单击PPT软件界面左上角的"文件"菜单，选择"另存为"选项，在"保存类型"下拉菜单中选择"PowerPoint 放映"选项（将文件保存为这种类型，可以实现在打开文件的同时，直接进入放映状态）。

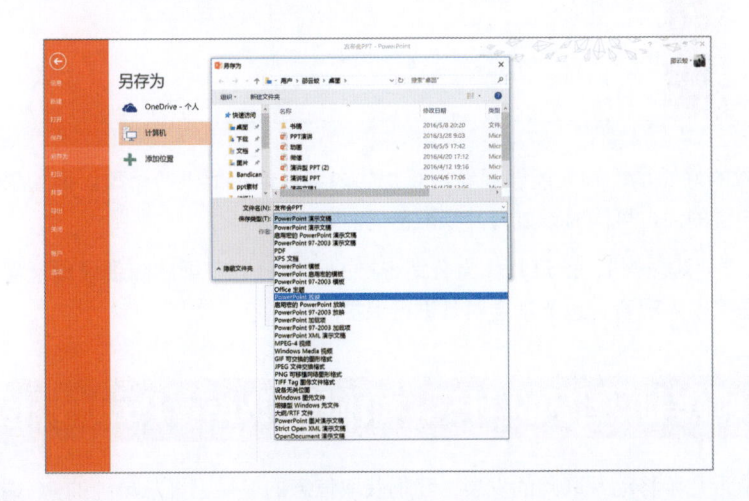

Step 2 单击"保存"按钮左边的"工具"按钮，在下拉菜单中找到"常规选项"，在弹出的对话框中会要求输入两个密码，分别是打开权限密码和修改权限密码，只需要输入修改权限密码。

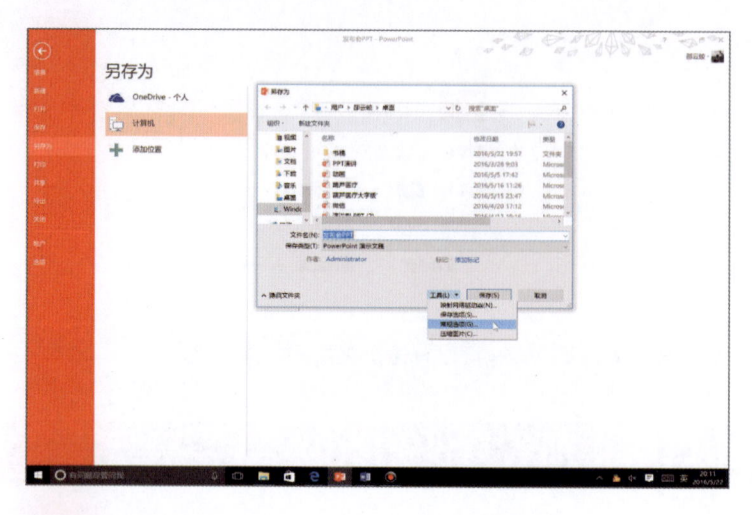

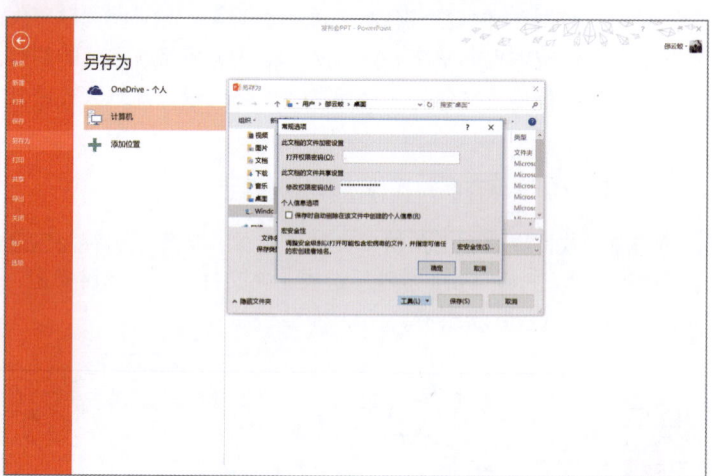

这样做的好处是，别人能够观看幻灯片的内容，但不能进行修改。而如果你不想让别人看到内容的话，可同时设置打开权限密码。

最后，再啰唆一句，幻灯片作为公司资产的一部分，不要随随便便地泄露出去，即便需要发送给别人观看，也要学会对其进行保护。

6.3 刷爆朋友圈的 H5，如何用 PowerPoint 轻松搞定

随着最近几年移动互联网的发展，我们获取信息的途径已经从单纯的 PC 端扩展到移动端（手机、Pad等），刷微博、看微信几乎成了每一个人生活中不可或缺的部分。而在众多的信息传递媒介中，H5 页面是一个比较受大众欢迎的形式。

所谓H5页面，其实就是我们在朋友圈中经常看到的那种可以滑动的页面，比如像很

多婚礼邀请函。当你打开一个H5页面后，上下滑动来切换到不同的页面。

当然，如果你不了解，在互联网上搜索H5页面，就可以看到很多案例。那些复杂的案例，大多是专业团队完成的，凭一己之力很难实现。所以，我们介绍一些简单的。

如何用 PowerPoint 设计一个简单的、能上下滑动的 H5页面呢？这个问题主要从两个方面来说。

6.3.1 设计 H5 页面

我们知道，H5页面一般是在手机上浏览的，而 PPT 则在电脑上浏览得多一些，所以，页面的存储方式肯定有一些不同。手机页面一般支持640像素×1080像素，不懂这是什么意思也没关系。我在这里想说的是，如果你想用 PPT 来做 H5页面，那么就要将页面尺寸设置为宽16.93cm，高26.67cm。为了能使页面看起来更加清晰，也可以将页面尺寸扩大两倍。

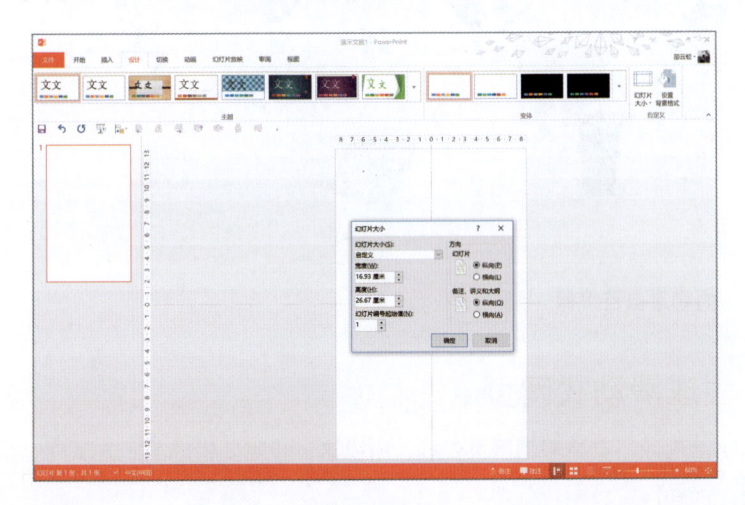

页面尺寸设定好之后，把相关的内容添加到页面中，并且将所有幻灯片页面另存为图片格式。

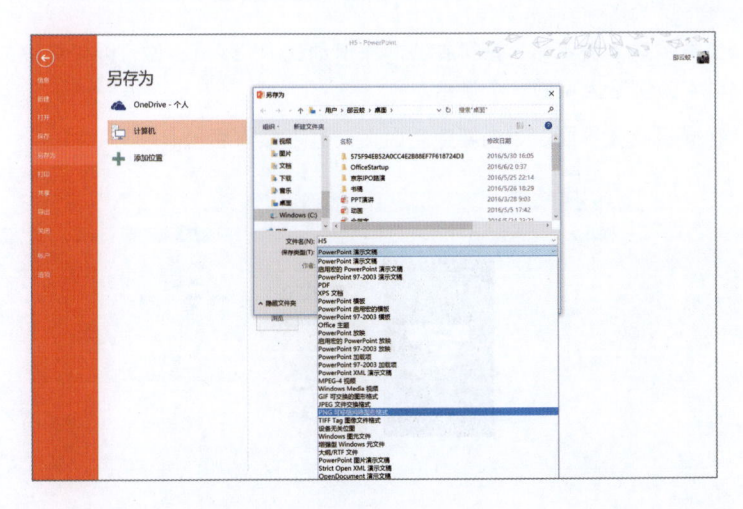

内容来自百度网

6.3.2 生成滑动式网页

由于 PowerPoint 不支持移动网页生成,所以这一步需要借助第三方工具。在这里给大家推荐两个工具。

资源6-01 易企秀

资源6-02 MAKA

这两个工具的功能差不多,都可在线制作滑动式 H5 网页,你可以任意挑选其一。在这里,以 MAKA 为例给大家做一个演示。

首先,在模板商城界面,单击新建空白页,进入操作后台。

第6章 幻灯片的多样呈现

在下图中,我们标记了一些主要功能,跟PowerPoint中的差不多。

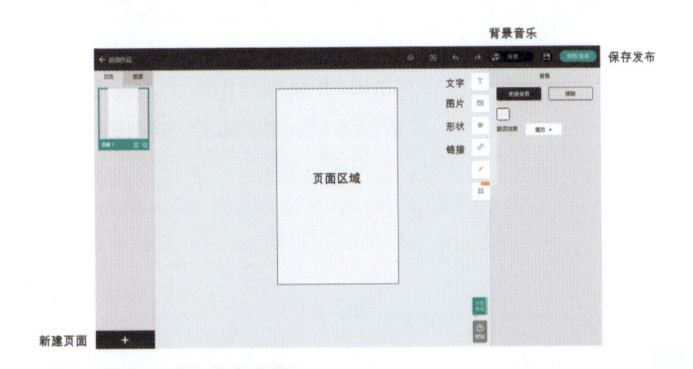

单击"插入图片"图标,将刚才设计好的H5页面上传。单击界面右上角的"保存/发布"按钮,网站会自动分配一个网页分享链接及一个二维码。使用微信,打开扫一扫功能,即可在手机端查看你做好的 H5 页面。

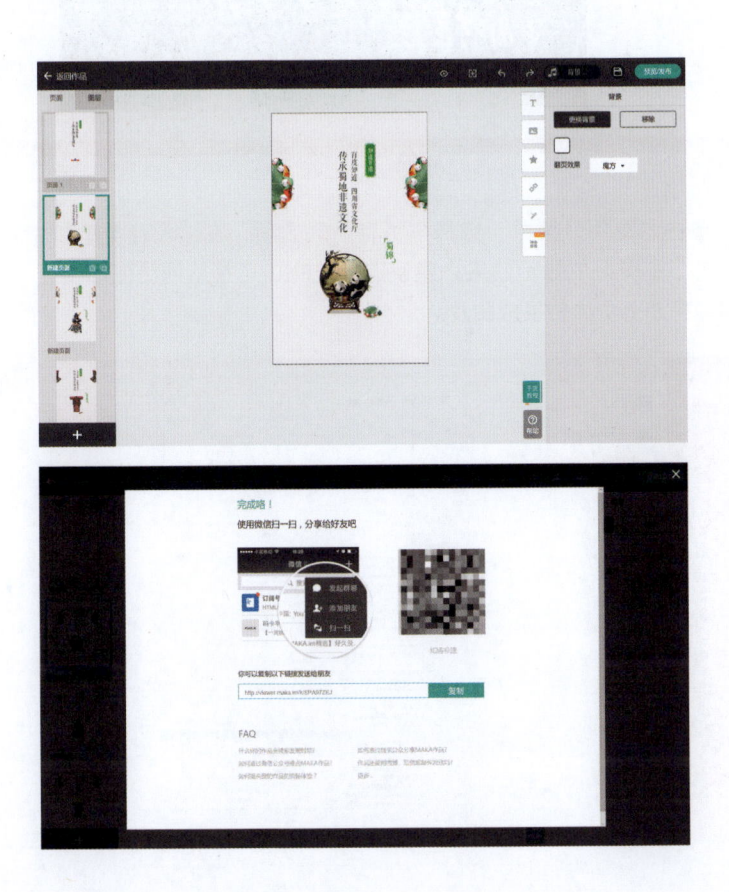

6.4　如何用PowerPoint设计一张海报

如果你对海报的特效要求不高，或者不需要将海报印刷出来的话，那么使用PowerPoint就可以轻松搞定，因为软件支持将PPT页面保存为图片。假如我们想用PowerPoint来做一张桂林的宣传海报，只需找到合适的素材，并对文字内容稍加排版即可。

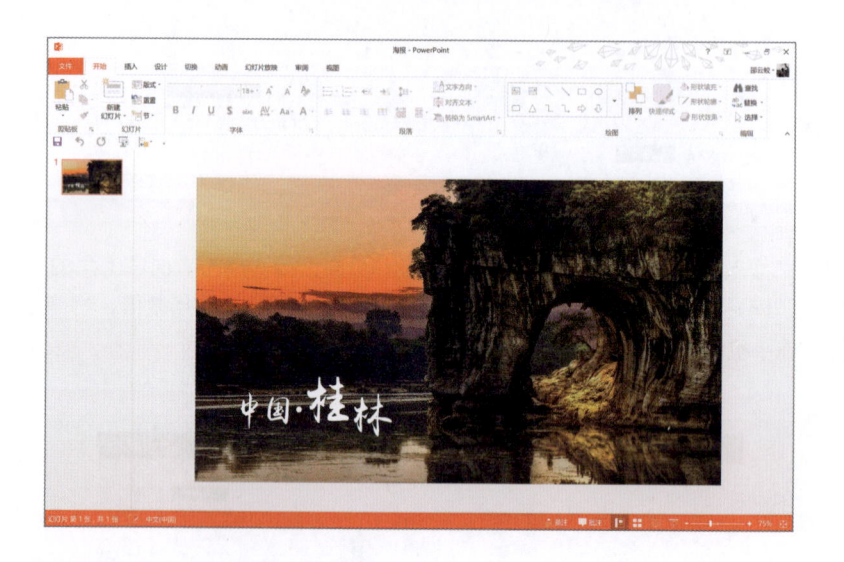

然后，单击"文件"菜单，选择"另存为"选项，在"保存类型"中可以选择4种图片格式。为了取得好的显示效果，建议选择"PNG 可移植网络图形格式"，单击"确定"按钮即可将PPT页面转换成图片。

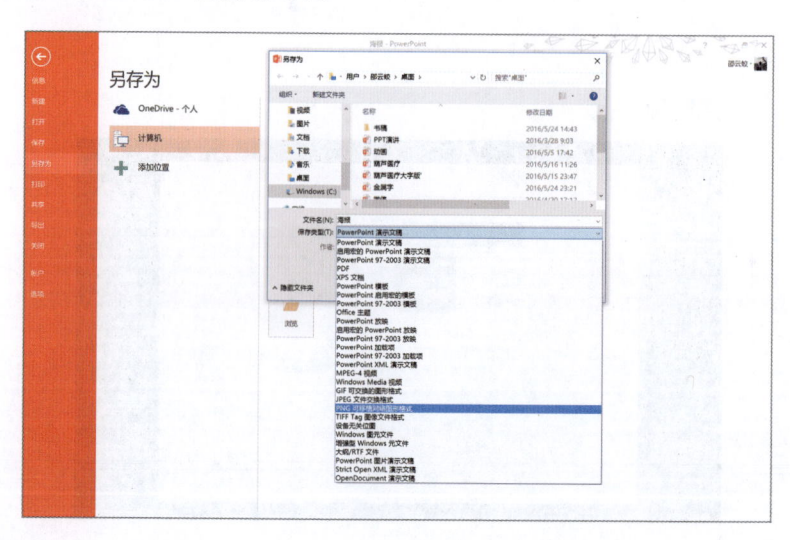

6.5 避免PPT演讲时因紧张忘词，你需要知道这个功能

当我们用PPT演讲时，为了防止因为对演讲稿不熟悉而忘记下一页幻灯片所要展示的内容，可以考虑开启演讲者视图。

开启效果如下图所示。在投影屏幕上会全屏显示当前页面，而在电脑上则会显示当前页面及备注内容，并且在右上方显示下一页幻灯片的预览图，没使用过这个功能的读者可以按 ALT + F5 组合键来尝试一下。

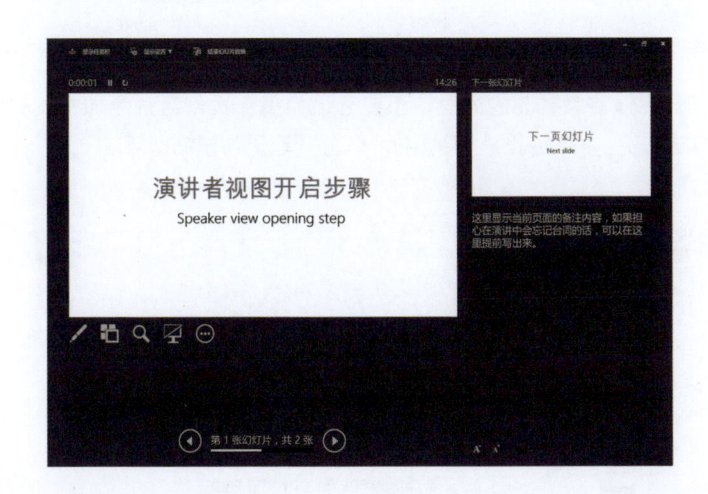

那么，怎样开启演讲者视图呢？

操作步骤如下。首先，在电脑与投影仪进行连接后，同时按下 Windows 键和 P 键，将投影方式设置为"扩展"。然后，在"幻灯片放映"菜单中，勾选"使用演讲者视图"，即可实现分屏效果。

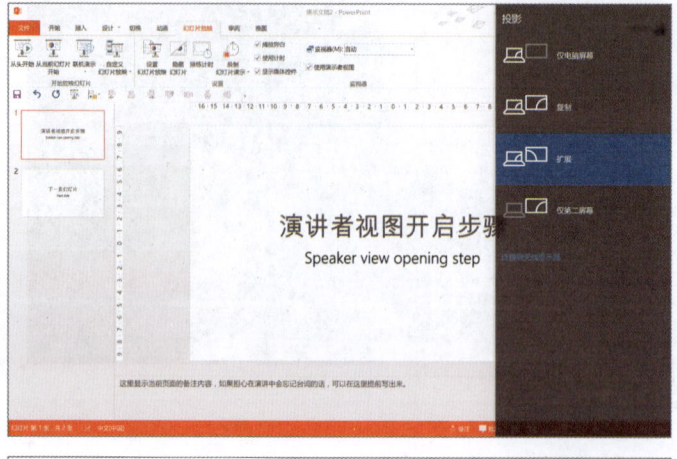

另外，在开启演讲者视图的同时，不要忘记为每一页幻灯片添加相关的说明备注。备注栏调出方法如下。在"视图"菜单中，单击"笔记"按钮即可。

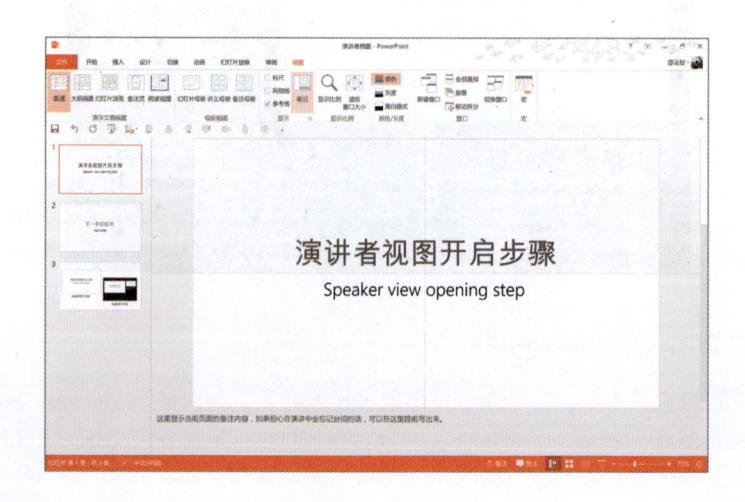

这样,即便在演讲过程中出现了忘词的情况,也可以偷偷地看一眼。

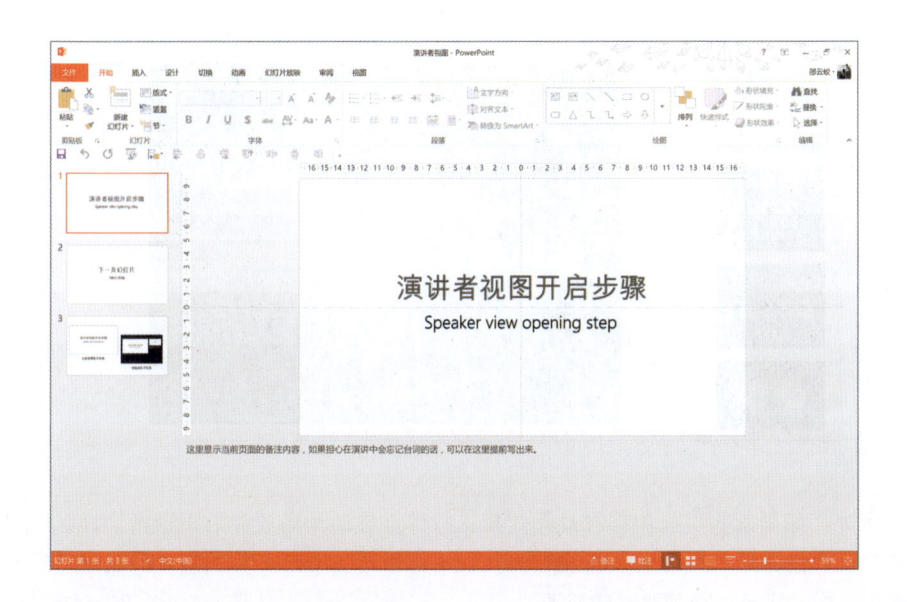

6.6 如何使用PowerPoint来制作视频

基于PowerPoint中提供的动画与切换功能,如果有必要,可以将幻灯片做成视频来供人观看。

这样做的好处有两个:一个是避免在低版本软件中演示时不能呈现一些高级效果,另一个是,可以让别人感觉更有动感,如果视频处理得当的话,放映时也会更有吸引力。

那么,应该如何把幻灯片做成视频格式呢?简单来说,可以分为两个步骤。

第一,设定自动换片时间与方式。

软件中提供了两种换片方式:一个是单击时,这是默认的方式;另一个是设定时长自动换片。既然要做成视频,肯定要选择自动换片的方式。

操作步骤如下。单击"切换"菜单,在"换片方式"中勾选"设置自动换片时间"。至于时长的设定,需要根据页面内容的多少,大概估算出一个合适的数值。

设定完成之后,单击左边的"全部应用"按钮,即可将全部幻灯片都设置为自动换片。

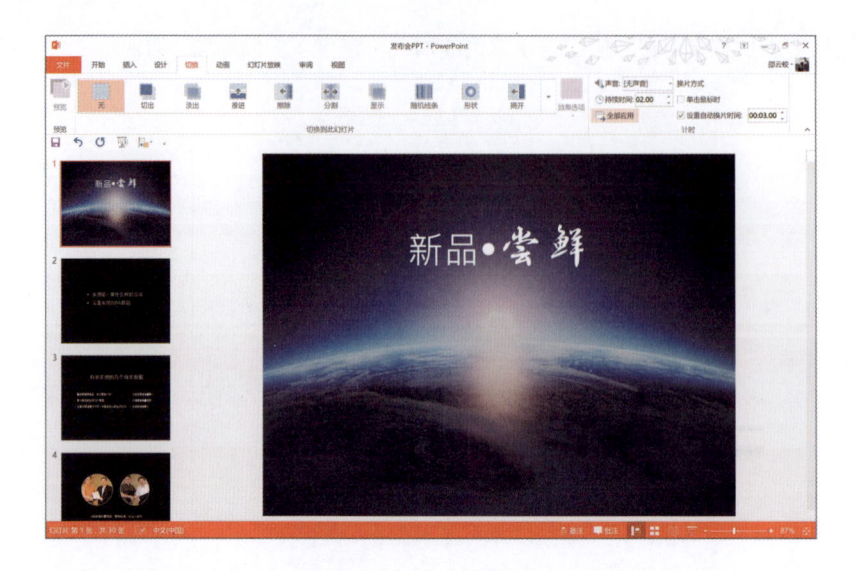

另外，如果某些页面中存在动画效果，软件会在动画播放完后再进行切换，所以不需要将页内动画所消耗的时长考虑在内。如果你想对其中某一页的换片时长进行修改，可选中页面，直接在换片时长中修改。

第二，将幻灯片文件另存为视频格式。

操作步骤如下。单击"文件"菜单，选择"另存为"选项，在"保存类型"中选择"MPEG-4 视频"，单击"确定"按钮。然后，就可以使用播放器观看视频了。

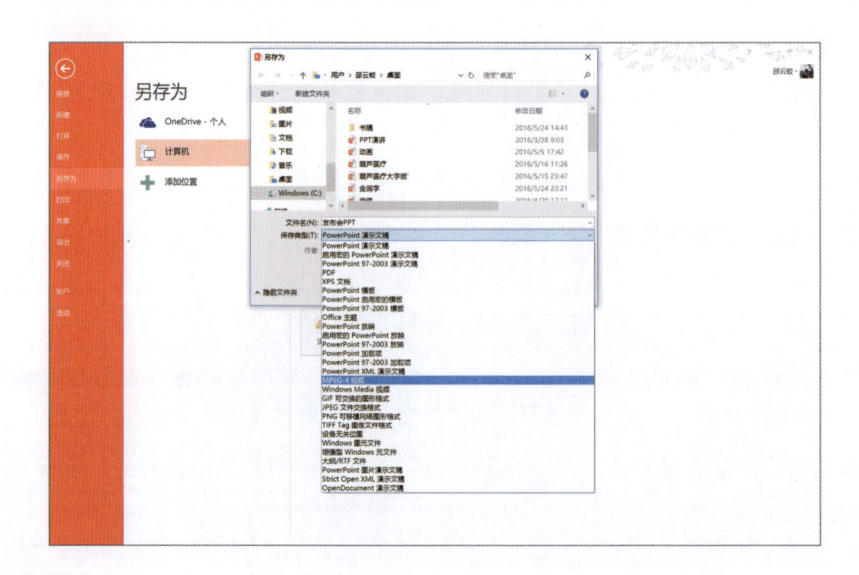

6.7 幻灯片放映时，你可能需要这个工具

大多数人在台上进行幻灯片演示时，不会有人帮忙翻页切换。所以，为了避免演讲者一直站在电脑前边翻页边进行讲解的情况发生，需要借助一些演示放映工具。

最常用的幻灯片翻页工具就是投影笔。

如果你受邀去一个场地进行幻灯片演示，那么为了能够取得最佳的演讲效果，需要提前询问主办方，是否具备这些基础设施，以免在现场手忙脚乱。

另外，如果场地有网络覆盖的话，你也可以使用第三方翻页软件。网上有很多这类软件，推荐使用"PPT遥控器"。

如果手中没有投影笔的话，使用这款软件也是一个不错的选择。

Appendix A

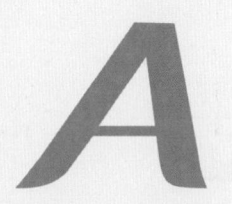

附录A
有哪些软件堪称"神器",
却不为大众所知

工欲善其事,必先利其器。虽然 PowerPoint 提供了非常丰富的功能来支持幻灯片的制作,但是,如果你想又好又快地搞定一套幻灯片,则需要额外地使用一些第三方辅助工具。

在这里给大家推荐几款不错的工具。

神器一：PhotoZoom Pro

做PPT时，经常要用到图片，一张清晰出彩的图片可为演示增分不少。而我们找到一张称心的图片时，却经常发现它的分辨率过低，插入PPT时变得十分模糊，着实令人懊恼。

在这里和大家分享第一个神器，PhotoZoom Pro，这个软件就是为解决这个痛点而生的。它的工作原理是利用插值算法来放大图片，让分辨率较低的图片可以变得很清晰。

给大家举个例子，拿上图所示的图片做一个演示。我们可以看到，图片的大小为900像素×600像素。一旦放大，图片就会变得不清晰。那么，该如何处理呢？

在软件左侧的参数框中，将"分辨率"修改为"150像素/in"，系统会自动对图像进行优化。

当然，如果你想将图片处理得更加清晰，也可以将参数值修改为更大的数值。最后，保存图片即可。

神器二：PPTMinimizer

这个神器是一款PPT压缩软件，名字叫作PPTMinimizer。

也许你会说，一款压缩软件有什么厉害的，我的电脑中有好几款压缩软件呢。但这款压缩软件的强大之处在于，其是专门压缩Word和PowerPoint文件的，压缩率高得吓人，最高可以达到98%。也就是说，一个100MB的PPT文件，经过这个神器压缩之后，可能会变成2MB，你知道这是什么概念吗？做了一个实验，源文件大小为41.8MB。

压缩后变成了7.42MB。我的天呢！

神器三：iSlide

iSlide插件，它的特点是功能少而精，每一个功能都很实用。

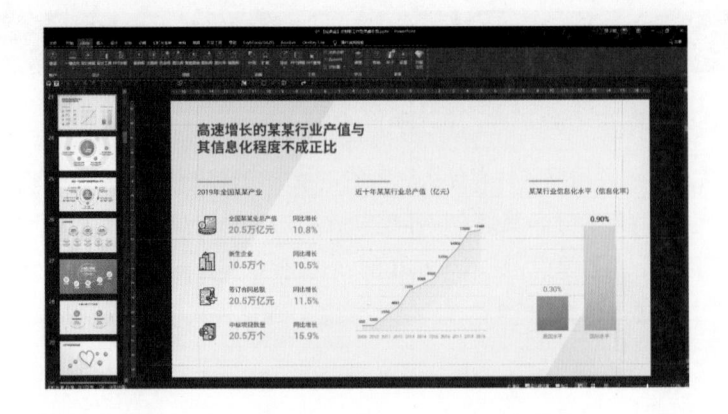

在iSlide插件中，有一个我最喜欢的功能。它可以按照圆环样式，均匀排列页面中的元素。这很适合用在环形排版布局的版式中，比如像下面这个页面左侧的图形。

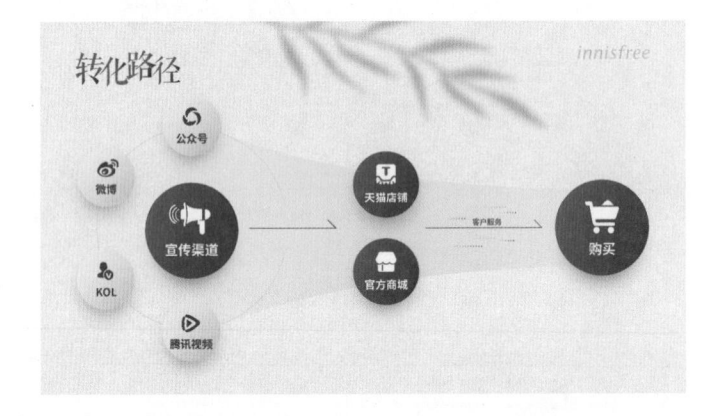

对于上面的页面，如果我们手动调整各个元素的位置，肯定费时费力，而且各个元素之间的距离也很难保持一致。而利用环形布局，只需两步即可搞定。具体是如何完成的呢？

第一步，在页面中画一个大的圆圈和一个小的圆形。

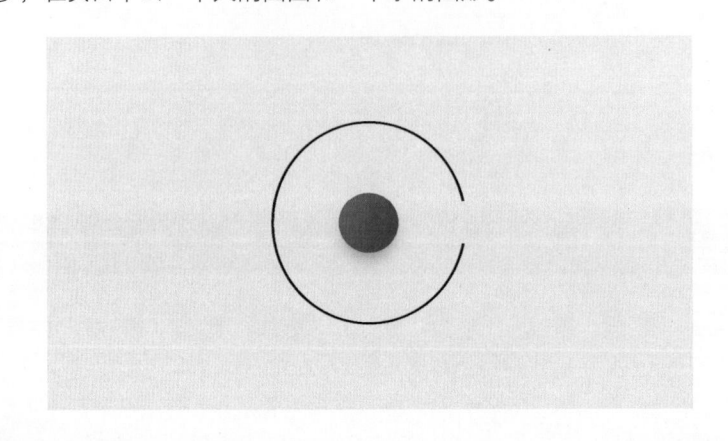

附录A　有哪些软件堪称"神器"，却不为大众所知

第二步，选中小圆，单击iSlide菜单，选择"设计排版"中的"环形布局"，在出现的弹窗中，调整环形布局的参数即可。

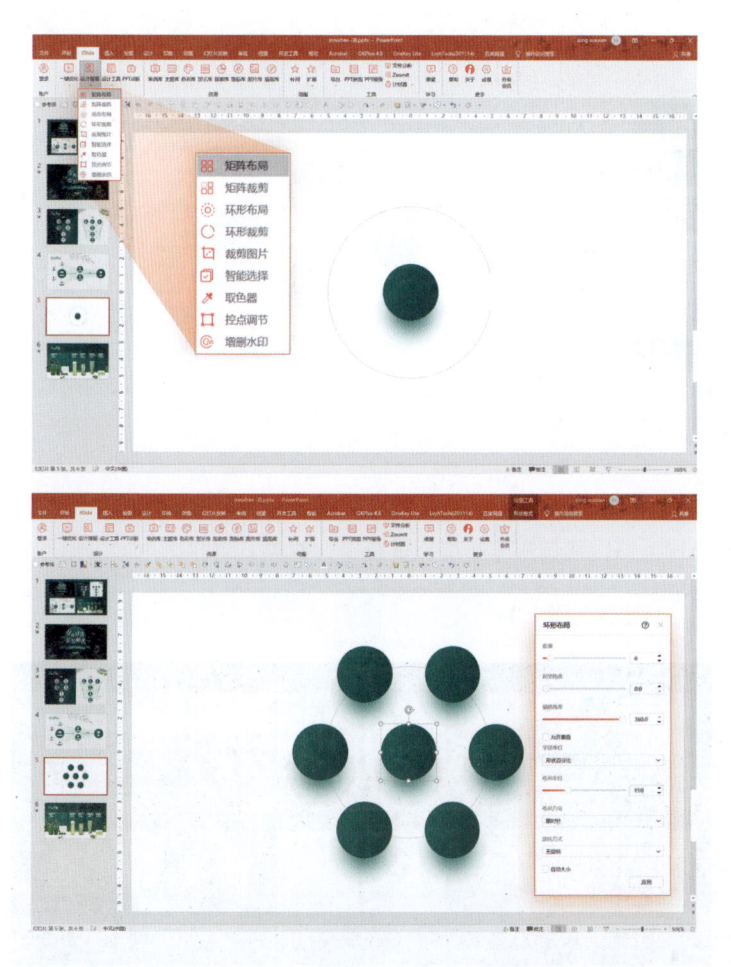

当然，如果你不想让元素围成一个圆圈，而想让元素排列成半圆形，像下面这样。

那么，只需要将"偏移角度"修改为180°即可。

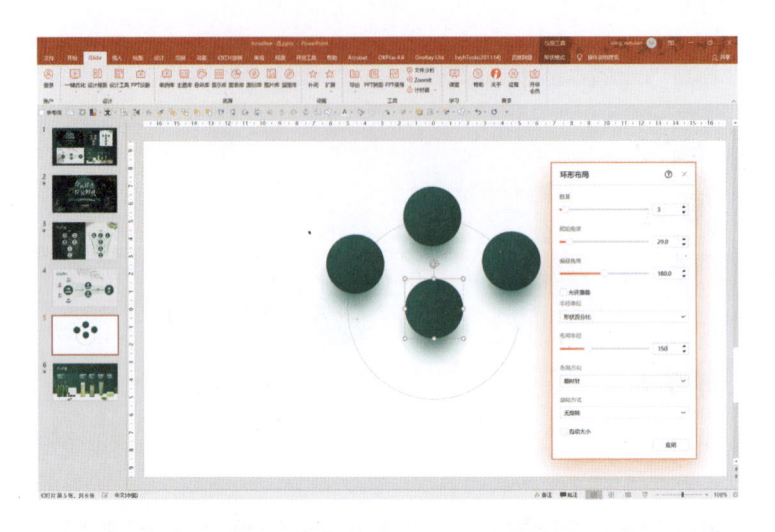

与环形布局类似，所谓矩阵布局，就是将元素整齐地排列成一个矩形样式。你可以用它进行图片排版。

我自己最喜欢的，是利用矩阵布局功能设计PPT图片背景墙，就像下面这样。

附录A 有哪些软件堪称"神器",却不为大众所知

这是如何完成的呢?首先,需要找到足够多的图片素材。

接下来,选中所有图片,单击 iSlide 菜单,从"设计排版"中选择"矩阵布局"功能,在弹窗中调整相应的参数即可。

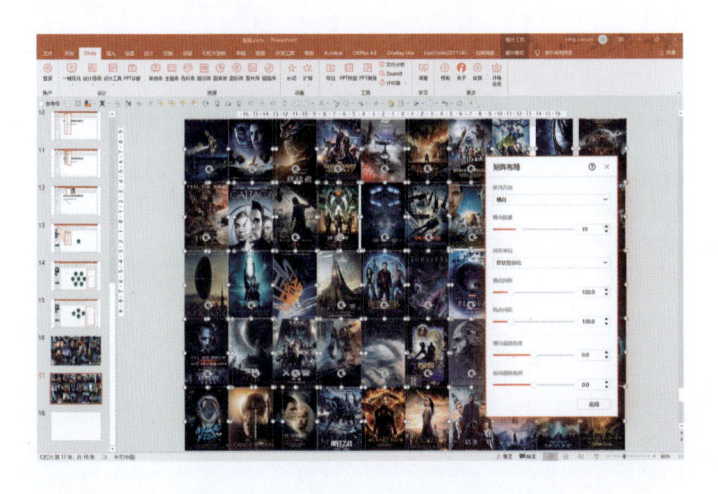

这样就可以轻松地完成一个图片背景墙。是不是很简单呢?

iSlide插件还有很多实用的功能，在其官网上可以查看更多功能介绍，这里就不多做介绍了。

神器四：TAGUL

作为一种文字排版的形式，文字云还是比较受大家欢迎的。但有一个问题，市面上的大多数文字云工具不支持中文，或者需要访问国外网站才能使用。所以，在这里给大家推荐一个支持中文的文字云生成工具，TAGUL，其操作简单、方便！

下图所示的是工具网站的首页。

单击右上角的GET STARTED按钮，即可开始创建文字云。下图所示的是操作界面，其中我给出了可供参考的中文名称。

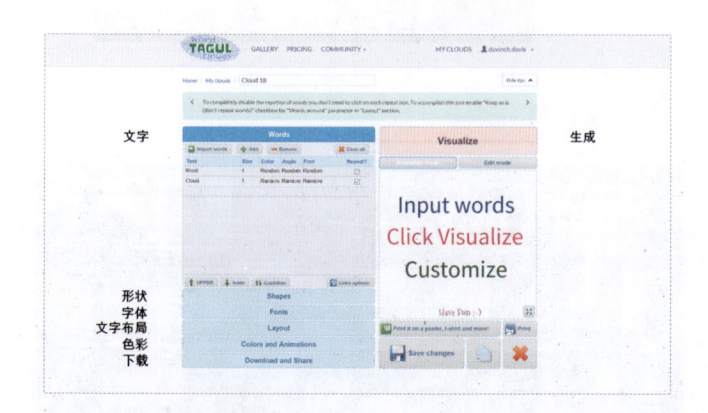

接下来，给大家做一个使用演示。

附录A 有哪些软件堪称"神器",却不为大众所知

| Step 1 | 单击 Import words 按钮,输入文字云的关键词。

| Step 2 | 选择一个形状。如果你不喜欢内置的形状,也可以自己上传形状。

| Step 3 | 上传一款中文字体。因为这款软件没有内置中文字体,所以必须自己上传。

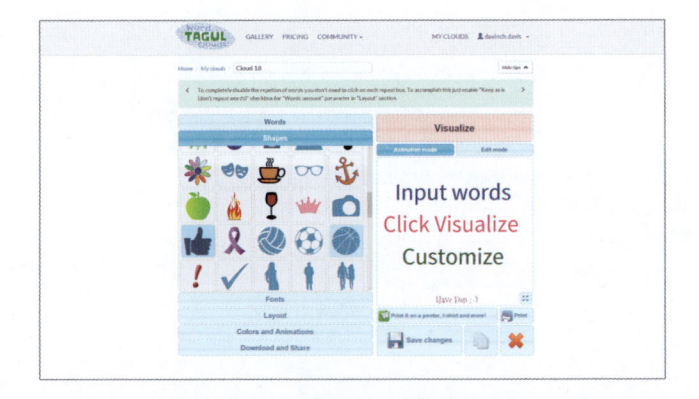

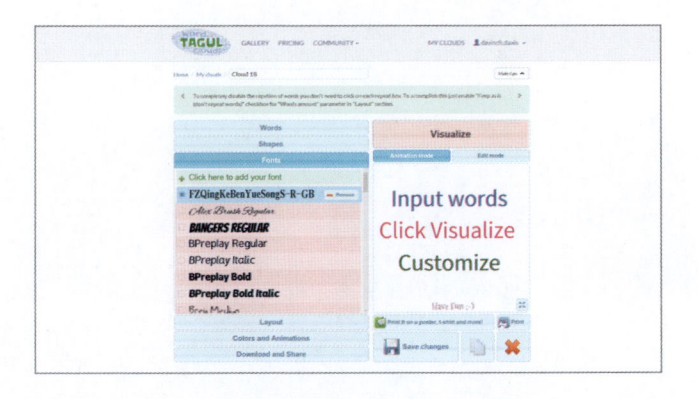

Step 4　选择一种文字的布局方式。

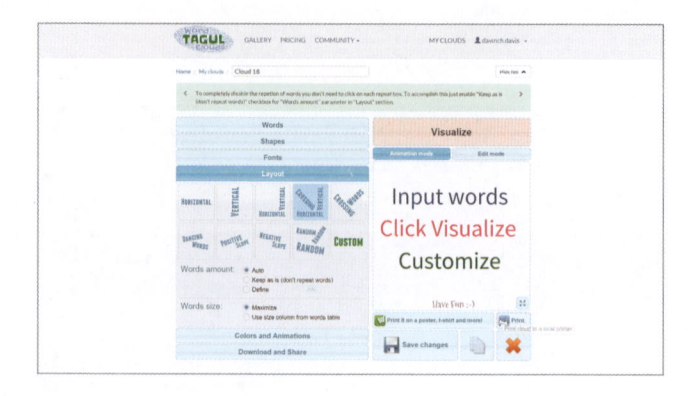

Step 5　选择适合的颜色搭配。

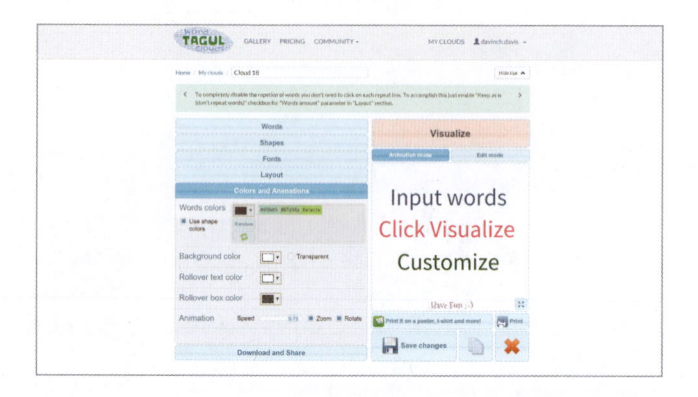

Step 6　单击Visualize按钮就能看到最终效果，如果有不满意的地方，可以再进行微调。然后下载生成的文字云即可。

神器五：CollageIt Pro

在给大家介绍这款神器之前，先给大家看几页幻灯片。

20000
部高清电影

100位设计师

海量壁纸

如果你观看过一些手机厂商举办的产品发布会，那么一定对这种类型的 PPT 不陌生。几乎每一家厂商在说自己软件服务丰富的时候，都会将内容做成图片墙形式的 PPT，这似乎已经成为潮流了。

而设计这样的幻灯片时，如果按照传统的方式，在一页PPT中整齐地拼接这么多张图片，并且要求每张图片尺寸相同，真是一件很困难的事情。不信的话你可以尝试一下（我曾为多家科技企业做过发布会上用的PPT文件，多次碰到过这样的事情，真的不是容易的事情）。

但如果有了这款神器——CollageIt Pro，做这件事就太容易了。这就是一款提供图片排版与组合的软件。

打开软件界面，你会看到让你选择相应模板的提示。

选定模板之后，在软件界面左侧，上传需要进行排版的图片。

确定了排版布局之后，单击"输出"按钮即可，非常方便。

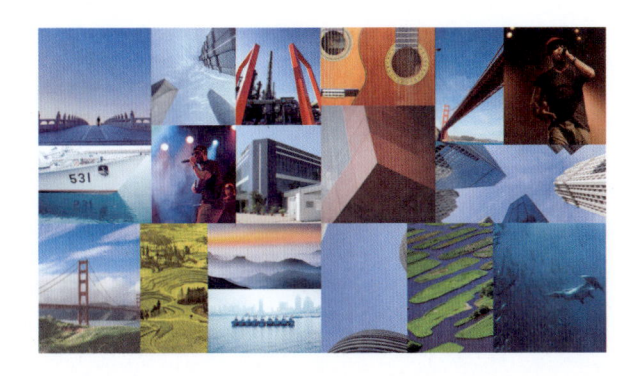

神器六：OneKey

还有一个PPT插件，OneKey插件，也叫作OK插件，它的特点就是功能超级多。可以看一下列出的这些密密麻麻的功能。

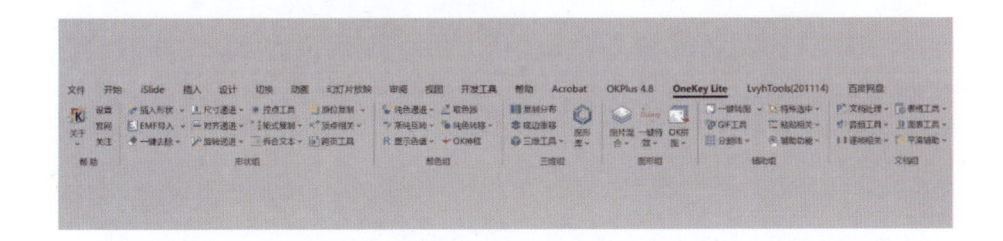

但是我们并不需要使用全部功能。就我而言，常用的功能也就那么几个，所以，就挑一些我觉得实用的功能，跟大家分享一下。

元素跨页工具

这个功能的主要作用就是，可以同时修改不同页面上的元素的效果。比如，我们想要：

- 同时修改多个页面上的某个图形颜色；
- 同时修改多个页面上某个文本框内容；
- 同时修改多个页面上某个元素的尺寸；
- ……

我们知道，当需要将不同页面上的元素修改为某个固定样式时，通常的操作是，逐页进行修改，但这无疑太慢了。使用这个功能，可以批量跨页操作，且一键完成修改。

举个例子，比如，想去掉每一页中图标外侧的轮廓。

那该怎么处理呢？首先，找到OK插件中的"跨页工具"选项。

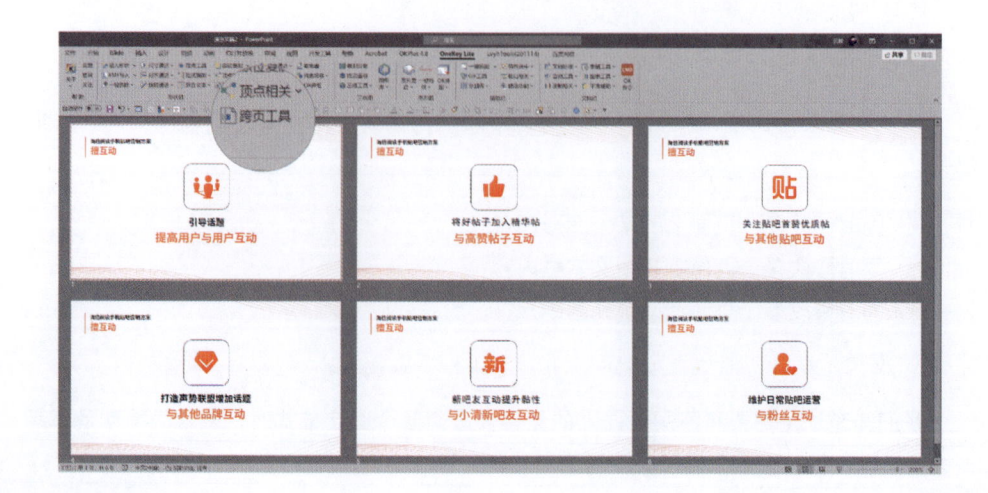

附录A　有哪些软件堪称"神器",却不为大众所知

接下来会出现一个弹窗,选中轮廓,并单击"读取对象"按钮。

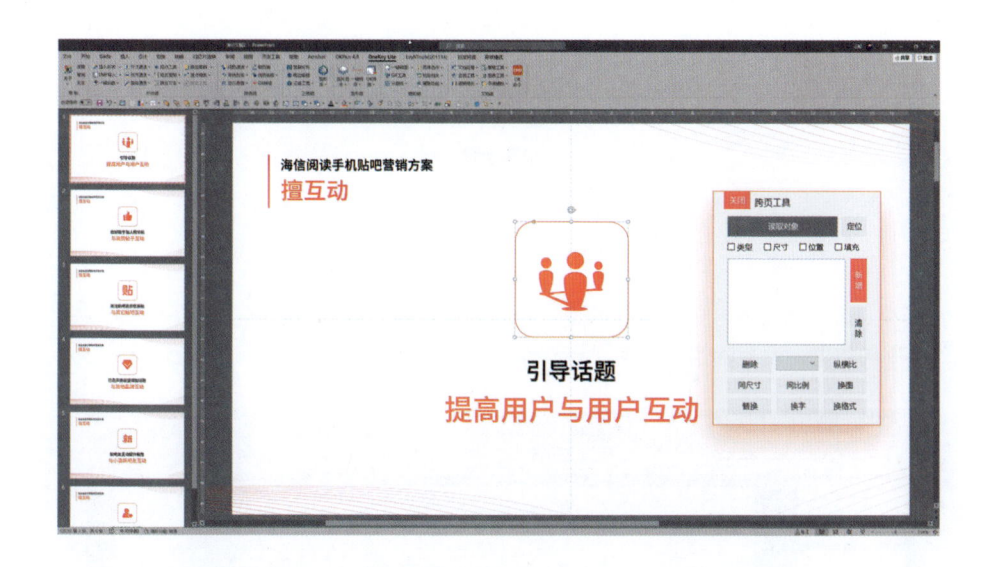

然后,勾选"尺寸",会提示已经在其他页面中找到尺寸相同的图形。

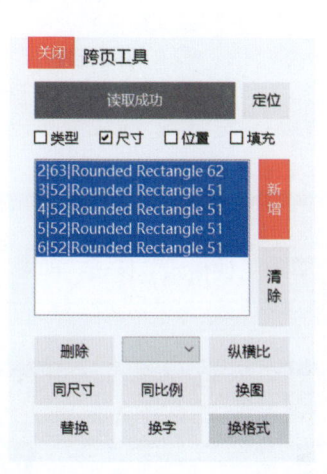

最后,单击"删除"按钮即可。

当然,还可以执行其他操作,比如把轮廓颜色批量换成其他颜色。比如,我们想把所有的轮廓全部更改为黑色,那该如何操作呢?

首先,将其中一个轮廓的颜色手动修改为黑色。

其次，选中此轮廓，依旧是"读取对象"，并勾选"尺寸"。这里额外补充一点，至于勾选哪种类型，没有固定的答案，要看你修改的元素类型是哪一种，再视情况而定。

最后，选中所有的元素，单击"换格式"按钮，即可将所有选中的图形与第一个选中的黑色轮廓保持一致。

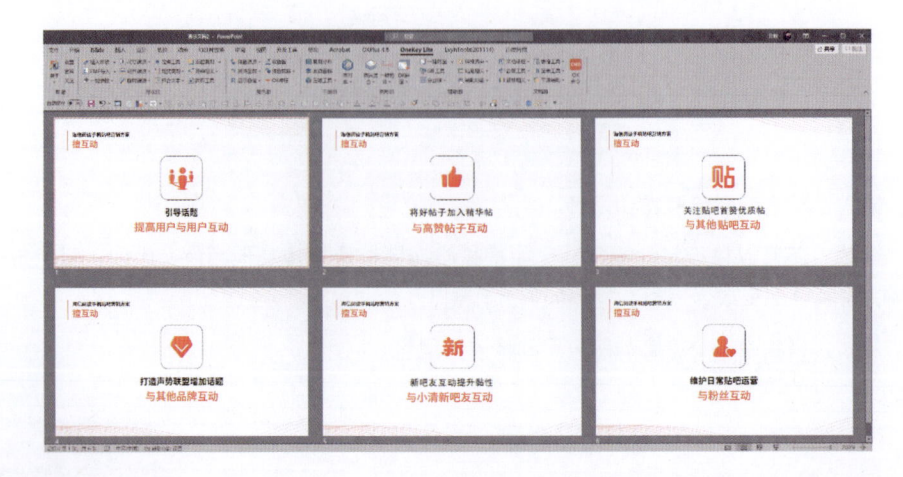

附录A　有哪些软件堪称"神器",却不为大众所知

OK神框

它的作用就是,将页面中某个元素快速复制到其他页面的相同位置,我经常用这个功能来为整套PPT添加企业LOGO。

有些人会有疑问,为什么不在幻灯片母版中添加LOGO呢?在母版页面上添加了LOGO,那么在所有的页面上都会出现,如下图所示。

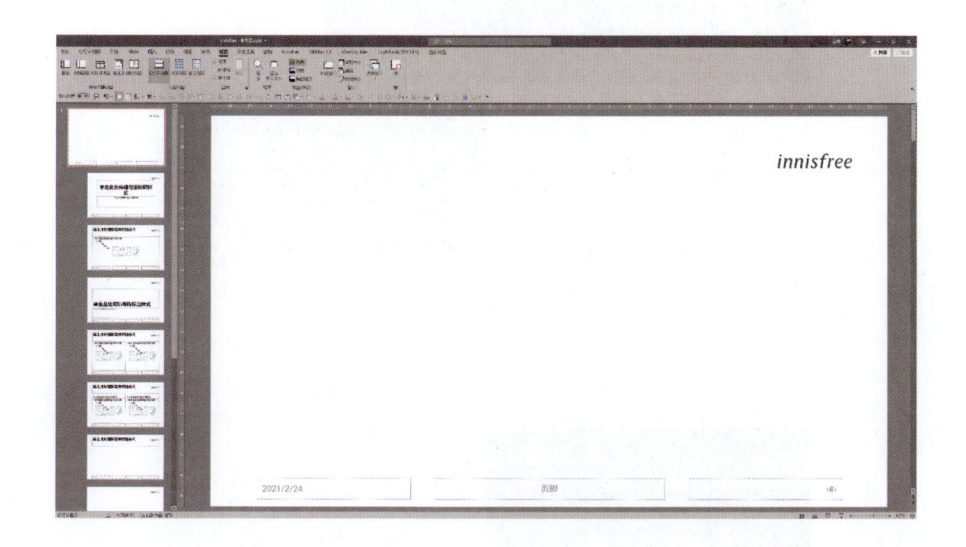

这里简单解释一下,我们在制作PPT时,为了让页面沉浸感更强,有时会使用图片及色块。这时如果使用母版添加LOGO,那么,LOGO就会被图片遮盖。比如刚才我在母版上添加了LOGO,但在这里并没有显示,因为它被遮盖了。

而使用跨页复制，则可以很好地避免这种情况。

以下面这几页幻灯片为例，简单说一下跨页复制LOGO的具体操作。

先在内容页中调整好LOGO的位置，比如把LOGO放在页面的右上角。

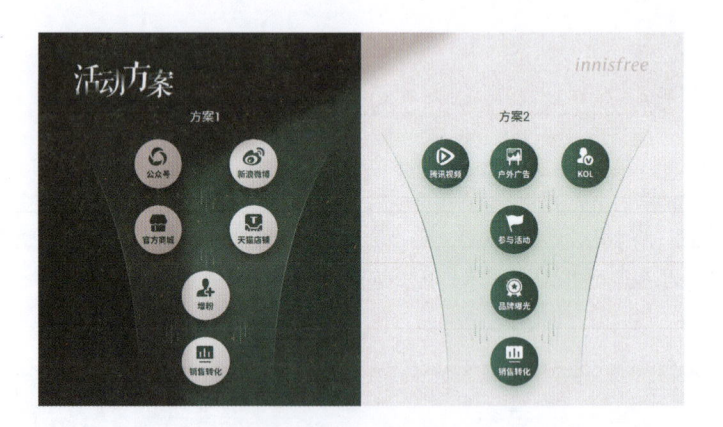

接着，选中LOGO，单击OneKey Lite菜单，找到"OK神框"选项，选择"跨页复制"，输入起始和结束页码，按回车键即可。

注意页码之间用逗号间隔。

附录A 有哪些软件堪称"神器",却不为大众所知

这样,就可以批量为你指定的页面添加统一的LOGO元素了。

特殊选中

这是干什么用的呢? 一般情况下,我们用鼠标单击一个元素就会选中它,对吗? 而特殊选中的意思就是,可以按照元素的类型进行批量选中。

- 比如批量选中页面上所有的红色形状;
- 比如批量选中页面上所有的圆角矩形;
- 比如批量选中页面上所有的渐变形状;
- ……

这对于提高操作效率来说简直太赞了。下面举个例子,比如我想批量选择这个页面上所有绿色的圆形色块。

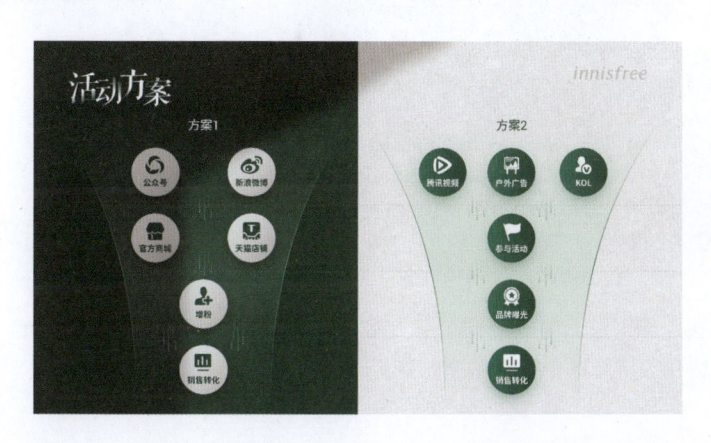

203

我只需要选中其中一个绿色圆形色块,然后,单击OneKey Lite菜单,找到"特殊选中"项,选择"按渐变色"。

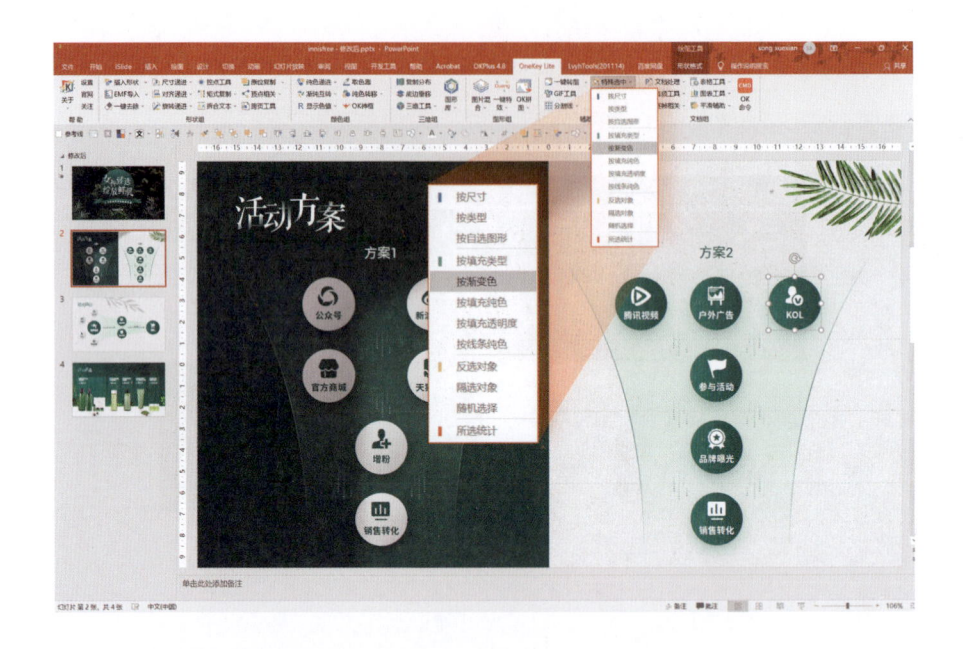

然后,所有符合要求的色块都会被选中,是不是很方便?

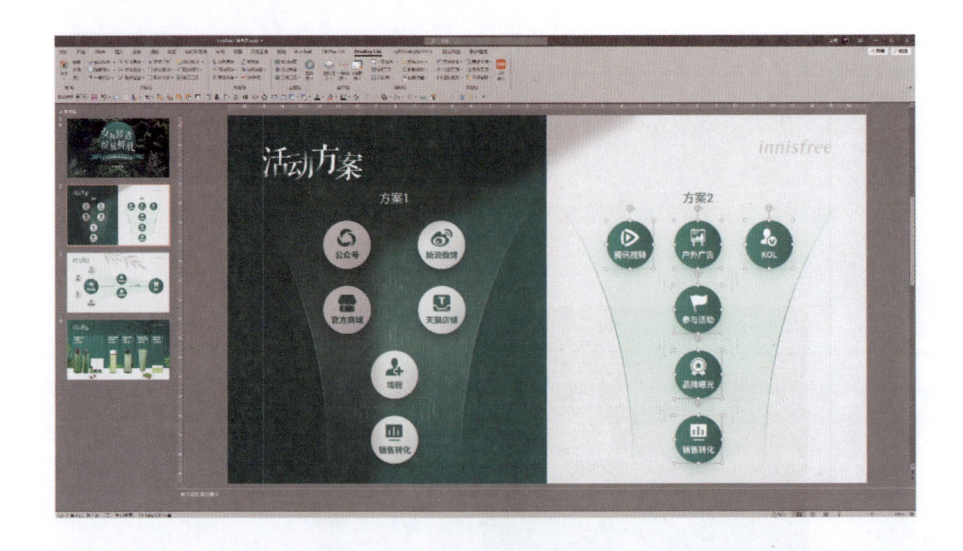

还可以按照图形的尺寸进行选择,比如想选择页面上所有大小相同的圆形色块,操作相同,只是在"特殊选中"选项中,选择"按尺寸"。

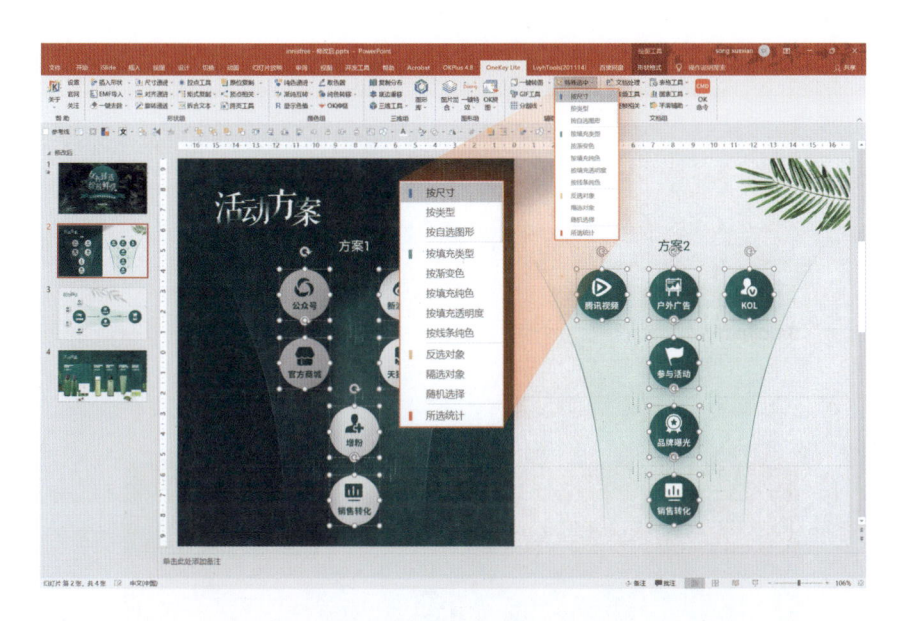

附录A　有哪些软件堪称"神器",却不为大众所知

以上就是 OneKey 插件中非常好用的一些功能。除此之外,还有其他一些功能值得推荐,鉴于篇幅问题,请大家下载软件并安装,自行尝试。

神器七：百度 H5

就目前而言,国内有大量方便制作H5页面的平台,像易企秀、MAKA等,这类平台都很棒。但美中不足的几点是,如果不付费,就会在最后一页出现广告,而且很多优质的模板需要付费。

如果你对这些很介意的话,可以使用百度 H5,它没有广告,没有付费模板,全部免费,操作也很方便。

205

神器八：Smallpdf

这是一个提供 PDF 文件格式转换服务的网站。使用它，可以轻松地将 PDF 文件转换为多种格式的文件，比如说 PPTX、DOC 及 JPG 等。

如果你有文件格式转换的需求，可以来这个网站试试。

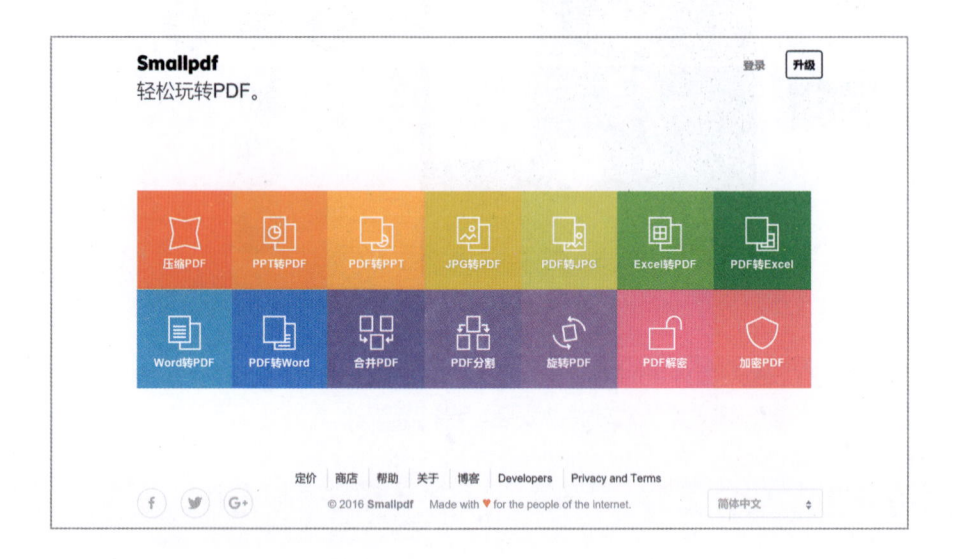

以上就是在制作幻灯片的过程中，可能用到的辅助工具，希望对你有所帮助。

Appendix B

附录B
如何搞定全图型PPT

在幻灯片设计中,为了能够让 PPT 页面更加具有表现力,通常会用全图型的幻灯片。比如乔布斯身后的演讲PPT就是这样的。这种全图型PPT,在大屏幕上放映时效果尤其震撼。

但这样的幻灯片并非人人都能搞得定，因为它对 PPT 设计能力有一定的要求，并不是每个人都能驾驭的。比如，下面所示的依然是所谓的全图型 PPT。

同样的图片上加文字，相信大家一眼就能看出差距了。

如果想做出美观的全图型幻灯片，我们至少需要拥有3个能力：排版能力、配图能力及构图能力。

先说第一个，排版能力

一般来说，全图型 PPT 多用于演讲，页面上文字较少，很多时候，可能只有一句话或者一个单词，所以，排版难度不算很大。只需懂得一个排版技巧就行，那就是对齐。而对齐的方法之前讲解过，无非是文字的大小、粗细及颜色对比。

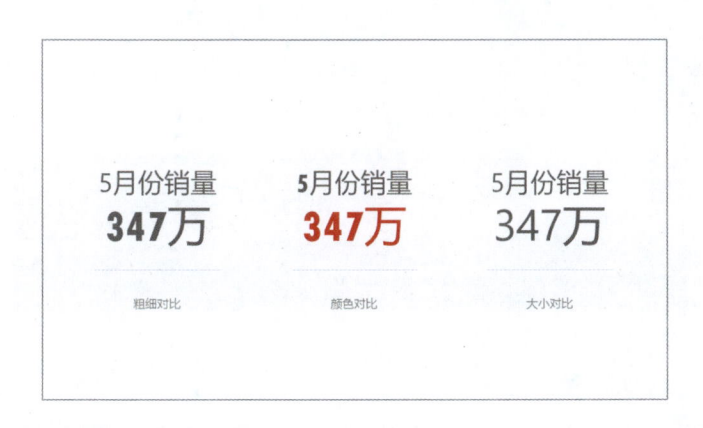

5月份销量	5月份销量	5月份销量
347万	347万	347万
粗细对比	颜色对比	大小对比

有时还会有一些斜对比，给大家看一个例子。

榴颜　某某某团队主导的河阴石榴领先品牌

可以说，全图型 PPT 对文案排版能力的要求不高，稍微注意一点就够了。在这里只提醒一点，对比的首要目的是为了突出重点内容，其次是为了美观性，不可舍本逐末。

再说第二个，配图能力

设计全图型 PPT，主要是为了能在观众脑海中构建出一个画面，其次是为了让文案看起来不单调。所以在配图时，首先要考虑的是图片与文案之间的相关性。

简单给大家举个例子。比如为了表现出宁静祥和的感觉，我们可以考虑使用草原或者蓝天的图片。因为在很多人的潜意识里，草原或者蓝天往往代表着宁静祥和。

这就是配图的关联性。

除了相关性之外，还有一些其他的要求，比如高清、美观、有创意等。如果想便捷地找到这样的图片，在这里推荐pixabay素材网站。

我不敢保证使用这个网站一定能搜寻到高质量的图片，只能说搜索成本相对较低。

第三个能力，构图能力

构图这个概念稍显专业，你可以简单粗暴地理解为，文案应该放在图片的哪个位置。为什么要求应具有这个能力呢？因为对于不同的配图，其视觉重心是不一样的，而如果文案放置不当，就会产生画面失衡的感觉，也就是常说的页面看起来很空。

如何才能提高构图能力呢？这要从3个方面来说。

1. 当配图有明显的视觉重心和非重心之分时，把文案放在非重心区域的中心偏上一点。

给大家举个例子。比如下面这页幻灯片。

我们可以明显地看到，图片的视觉重心在下半部分，非重心区域在上半部分。所以在构图时，需要把文案放在非中心区域的中心偏上部分。

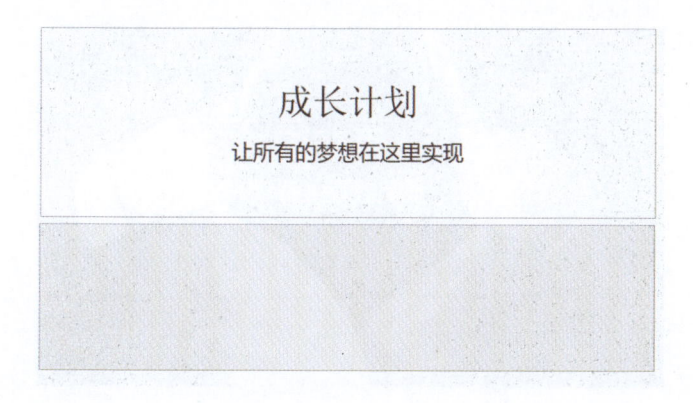

同样地，如果是左右结构的构图，文案的位置也需要相应地进行改变。

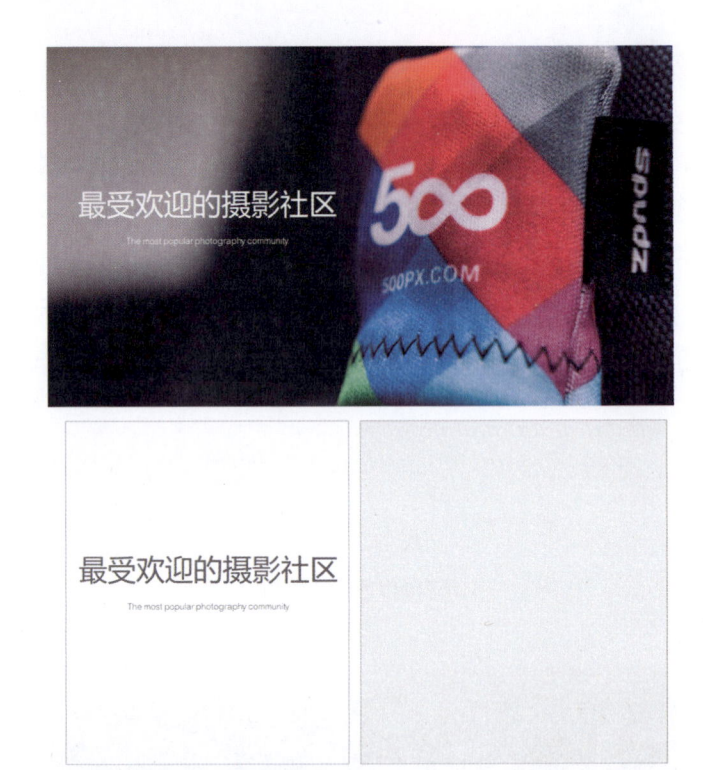

这两种是比较常见的构图方式。而当配图的重心区域没有那么明显时就需要学会对图片的重心与非重心区域进行分析，然后把文案放在非重心区域的中心位置。

给大家举个例子。

2．当配图没有视觉重心时，把文案写在图片中心偏上的位置。如果有必要，在图片和文案中间插入一个透明形状，以辅助文字显示。比如下面这页幻灯片，从配图中可以明显看出，页面并没有明显的视觉重心，所以，这时候可以将文字放在页面中心偏上。

3．当配图的视觉重心处于中心时，也应把文案写在图片中心偏上的位置。

下面来看一个例子。

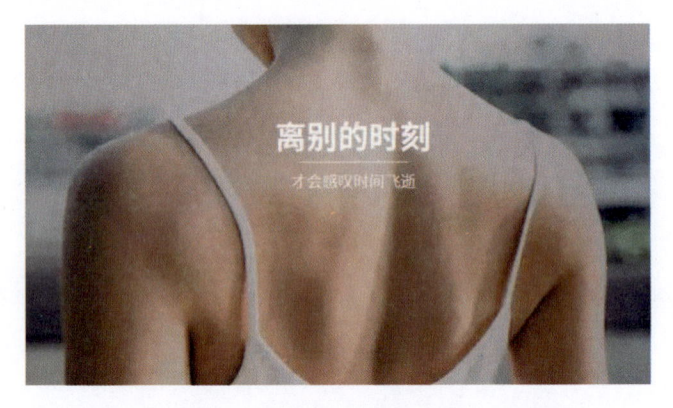

这就是在制作全图型 PPT 时需要注意的构图技巧。

最后，再总结一下。

- 排版是为了提升文案的美观性，应突出重点。
- 配图是为了寻找到更有表现力的图片，以丰富页面的视觉效果。
- 构图是为了确定文案在图片上的位置，从而使整个页面看起来更加平衡。

Appendix C

附录C
哪些网站能够帮你提升
PPT设计水平

当你了解了PPT软件的常用功能，并且能够制作PPT之后，如果你对PPT的美感要求不高，那么，本附录可以跳过不看。

但如果你对美感有一定的要求，我建议你继续阅读。因为在我近6年的职业生涯中，见过很多读者的PPT，哪怕是他们采用了相同的方法，但做出来的作品依旧有美丑之分，这里的决定因素，其实就是审美的水平或者说是审美的能力。

而审美是别人教不了的，也不是短时间内能提升的，只能靠你长期去观察、去培养，多去看一些优秀的设计作品，用比较流行的一句话讲，就是你要去细品。

不过，虽然审美能力的提升不是一蹴而就的，但我也要告诉你，一旦你的审美有了提升，就再也回不去了，因为审美能力对一个人的影响，是全方位的改变。

那么，在这里也推荐一些网站，建议大家多去看一看。

站酷

这是国内设计圈比较知名的一个网站，很多设计师会在这个平台上发表自己的作品。网站的作品分类很详细，不管是网页设计，还是插画、视频、画册等，你都可以找到一些优秀作品。

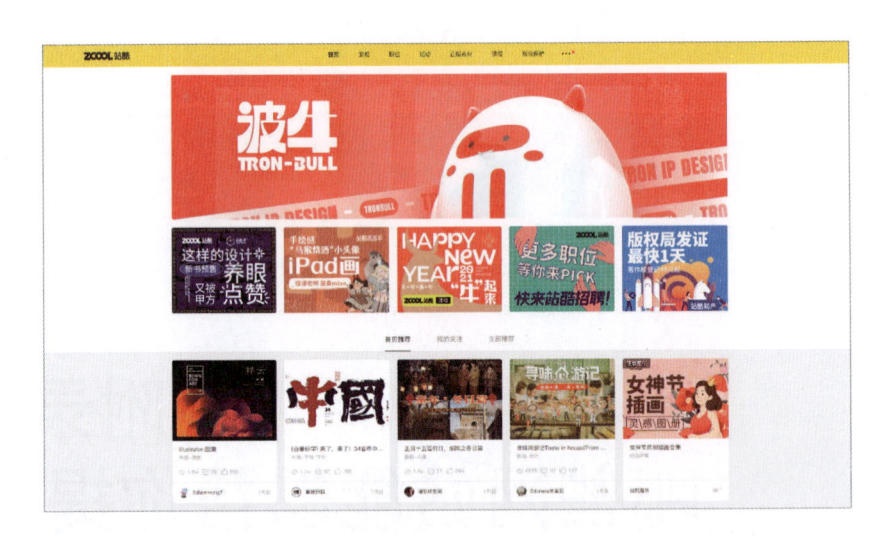

UI中国

这也是分类比较详细的一个设计平台，虽然上面的作品和PPT没有太多直接关系，但设计的本质都是相通的，而且尽可能多地跨领域去看一些设计作品，也有助于你打开设计思路。

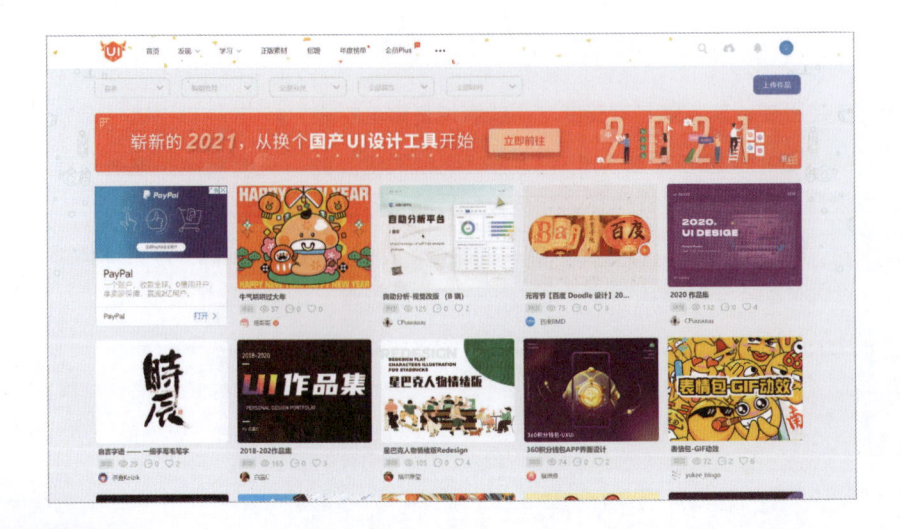

slidor

这是国外的一家PPT设计公司，它的优点是，里面的作品都是PPT定制设计案例，可参考性极强。但不好的一点是，作品的更新速度较慢，一般来讲，以年为单位进行更新。

dribbble

这也是国外的一个综合性设计平台，里面的作品质量超高，而且作品的数量极多，它是我每天必看的一个设计平台。

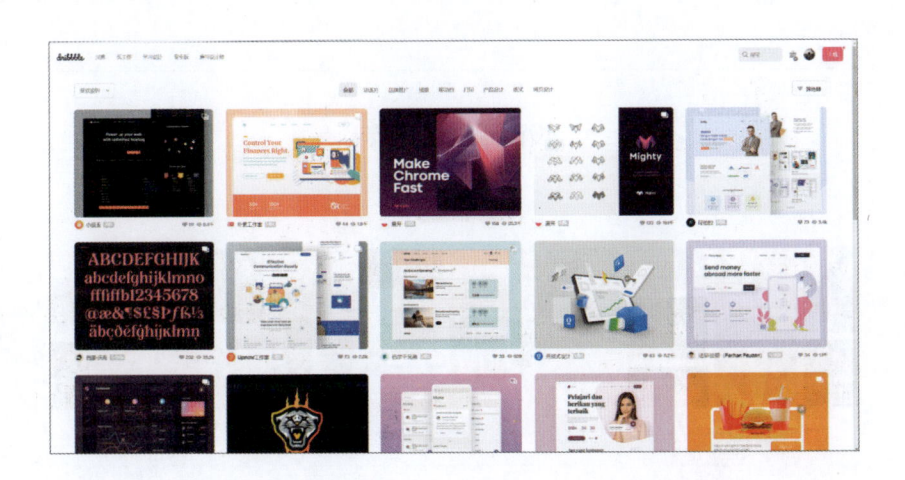

Reeoo

这是一个专门分享网页设计的网站，它收录了很多优秀的网页设计作品，因为网页设计的形式与PPT设计有相似之处，所以也推荐给大家。

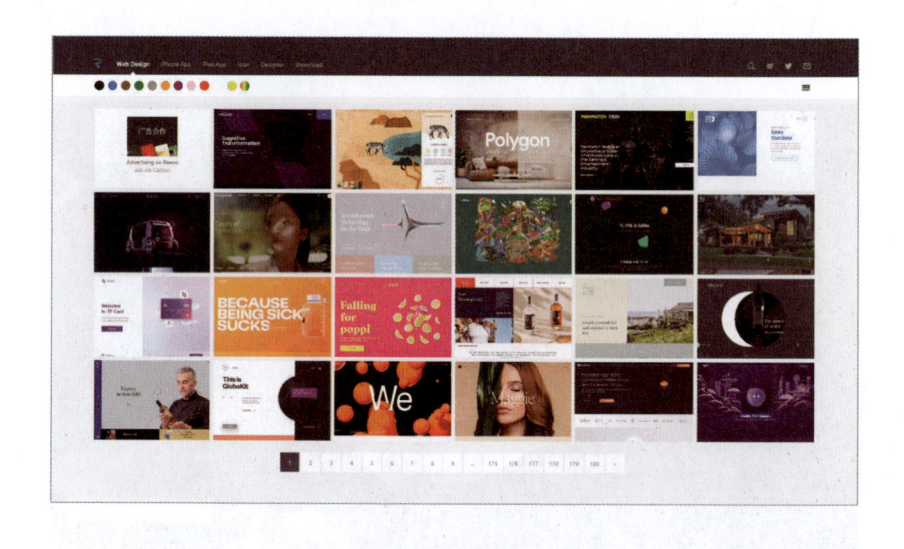

Muzli

它本来是一个浏览器插件，专门收录各大设计平台的优秀作品，但同时它也是一个灵感分享网站，你可以在里面找到非常丰富的设计作品。

附录C　哪些网站能够帮你提升PPT设计水平

另外，在欣赏这些作品时，我也有一些建议，也许会对你有所帮助。

优先浏览平台推荐的优秀作品

对于很多非专业设计的朋友来讲，很多时候，可能我们并不能区分哪些才是好的作品，所以我建议各位，在浏览作品时优先看那些点赞数量较高的作品。

毕竟，从点赞数量这一维度，能够帮你过滤掉一些不太好的作品。

219

养成日常浏览的习惯

前面已经说过，提升审美，不是一件一蹴而就的事情，所以建议读者养成日常浏览的习惯。

我的做法是，以天为单位，去建一个个文件夹，我会在上班前的15分钟，把各个平台推荐的作品浏览一遍，对于一些非常喜欢的，我会下载下来。

这样做有两个好处。

一是能够做到长久的坚持。因为每天只是浏览很少的作品，不会占用太多时间，所以容易坚持下来。

试想，如果每天要求你看几百个作品，那估计你也不会喜欢上这件事情了。

二是可以做到审美回顾。在一段时间之后，当你回过头来看最初喜欢的那些作品时，如果觉得不是那么好了，那么恭喜你，你的审美能力提升了。虽然审美能力提升是件很抽象的事情，但是通过这个方法，可以做到量化。

尝试简单分析作品的设计思路

当在欣赏这些设计作品时，如果能够简单分析一下自己认为好的地方，那么也会对你有不小的帮助。因为在你进行大量浏览并且分析之后，你会发现，优秀的作品其实都是相似的。

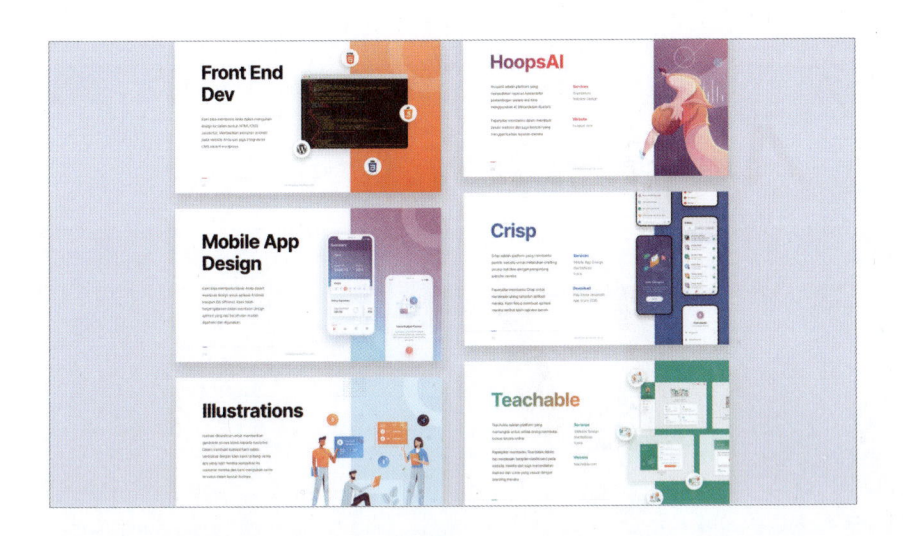

这些优秀的地方就是我们在设计上需要总结并使用的方法。

上面所说的，就是一些我日常会浏览的设计作品网站，以及进行审美能力提升的方法，希望对读者有所帮助。

Appendix D

附录D
如何做好PPT演讲

通过前面6章的学习，我们已经对PPT的场景化设计思维有了透彻的理解。下面把之前所学的内容串联起来，再系统地分享一下如何做好PPT演讲。相信通过这部分内容的学习，能够使大家快速解决日常工作中80%的问题，帮助大家在职场中加分。

附录D 如何做好PPT演讲

PPT的重要性已经不言而喻了，PPT演讲也是现代人不可或缺的一项技能，但并非所有人都已掌握这门技能。

那么，如何进行一场PPT演讲呢？

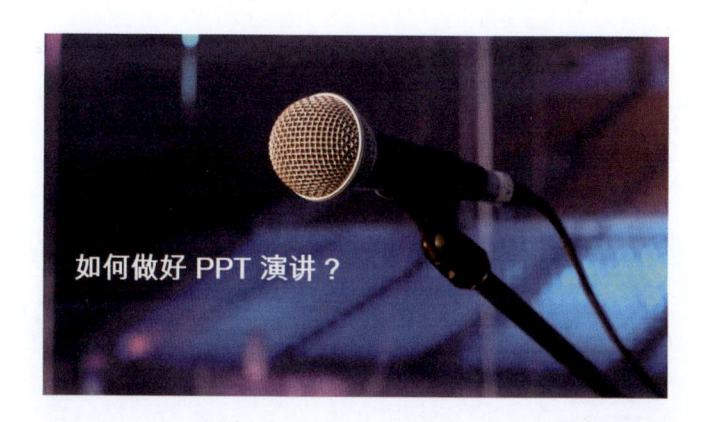

结合自身经验，我从如何准备演讲型PPT和如何准备演讲两个方面来讲解。

D.1 如何准备PPT

我们在设计PPT之前，需要了解基本信息，然后梳理结构，理清内容，再用合适的图表和文字把所要讲解的内容呈现出来。

1. 在开始设计PPT之前，先要了解一些基本信息

❶ 演讲屏幕的尺寸

一般而言，国内主流的投影屏幕的长宽比是4∶3和16∶9。

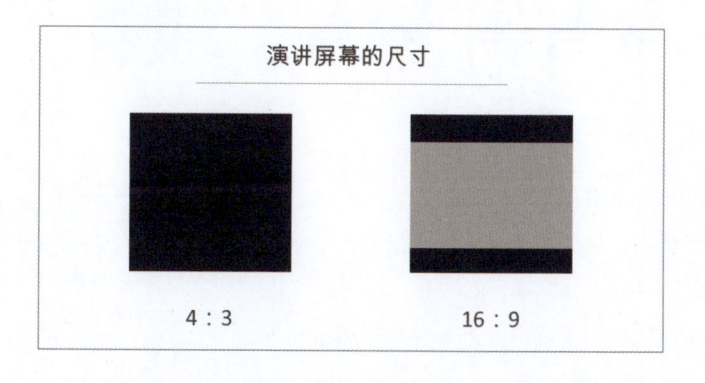

但是如果需要在一些特制的屏幕上进行演讲，那么长宽比可能是10∶1，也可能是任意比例。你需要提前了解这个信息，否则，按照16∶9的比例做完PPT后，还得重新再做一次。

❷ 演讲场地的大小

这里主要考虑视线和远近的问题。

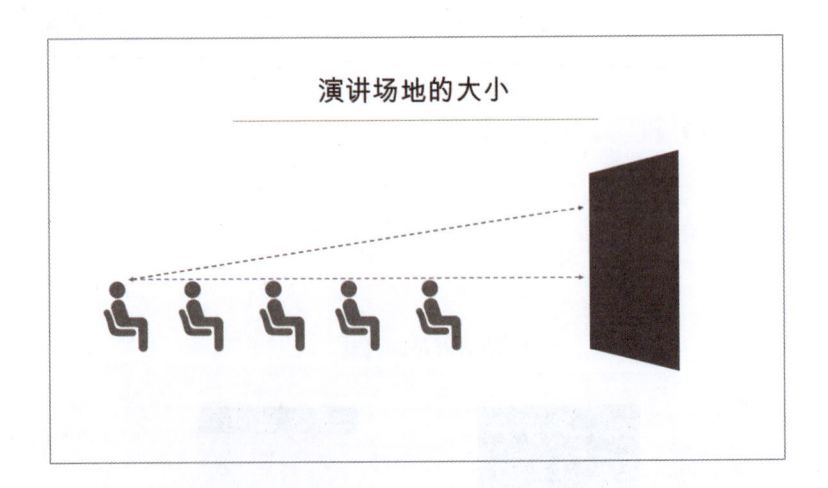

在演讲场地中，如果投影屏幕距离最后一排观众非常远，那么你在做PPT时，就应该把文字、一些细节信息等处理得大一点，让最后一排的观众也能看清楚。

如果有可能的话，最好提前进入会场来测试一下。

❸ 听众的属性

这一点关系到你所要准备的内容。给大家举个例子，假如有人邀请我去做一场关于如何做好PPT的演讲，那么，我需要了解听众到底是"小白"还是高手，是教师还是学生等。

听众的属性不同，我要准备的内容就不同。假如要面向教师来讲，需要准备一些跟课件制作相关的内容，而如果面对的是学生，那么准备的内容可能是如何做好一个毕业答辩的PPT。

❹ 演讲的时长

这个就很好理解了，在这里提醒大家，如果主办方没有告诉你这一点，你一定要问清楚演讲的时长，尤其是做创业路演的PPT的时候。

我参加过一些创业路演活动，主办方规定，演讲时长一共5分钟，可4分钟过去了，创业者还没讲到投资人真正关心的地方，那就太失败了。

2．在开始设计幻灯片前，先把内容写出来

PPT演讲的本质是传递信息，所以，你需要掌握如何把信息表述清楚的技巧。在这里

推荐大家使用金字塔原理进行内容的构思和写作。

什么是金字塔原理呢？在这里简单介绍一下。

当你要表述某一事情时，先把最终的观点写出来，然后寻找一级论据，完成第一次拆分。

如果一级论据还需要二级论据来支撑，那么就继续拆分。

如此往复，直到不能拆分为止。

这样，就会形成一个金字塔形结构，也就是我们写作中常用的金字塔原理。

3. 内容起到的作用是提示，而非说明

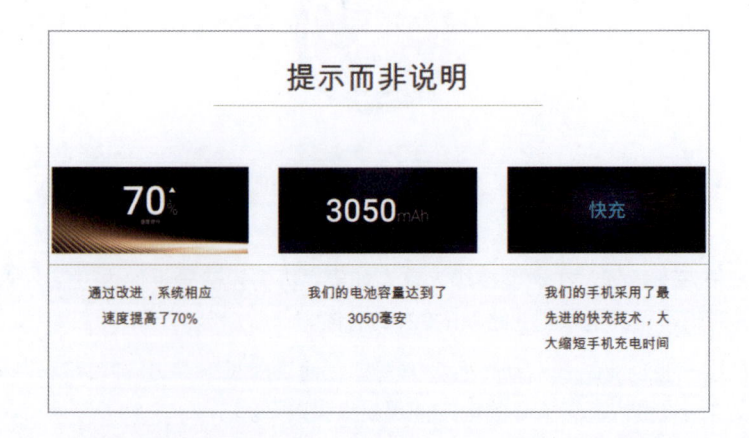

优秀的演讲型幻灯片不应是下图所示这样的。

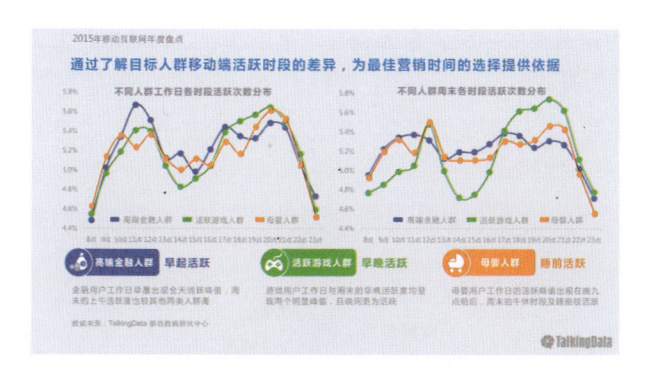

从功能上来讲，演讲型PPT和阅读型PPT压根就不可能使用同样的内容。

4．多用图片，少用文字

一图胜千言，一张使用得当的图片带给观众的视觉表现力远胜于文字。

你花1000个字，准备了大量华丽的辞藻来描述一个女孩长相甜美，不如直接放上她的一张照片。

同样，你声情并茂地描述了建筑工人很辛苦，不如直接放上一张他的工作照。

之所以会产生这么大的差距，原因就在于是否在观众大脑中产生了画面感，大脑更容易接受视觉化的内容。

当然，图片千般好，也不是说完全不用文字，在演讲PPT中，文字更多地起到了注解的作用。

有时候，我们展示出一张图片，试图在观众脑海中构建一个场景，搭配上合理的文案，会产生更好的效果。

5．少用表格，多用图表

图表是表格信息的可视化表达方式，在前文中也说到了，PPT演讲的目的是传递信息，而大脑更容易接受视觉化的信息，所以，当要展示数据时，建议大家多用图表。

大家可以对比一下表格和图表这两种形式的差别。

多用图表，少用表格

6. 使用必要的动画来引导观众的注意力

注意我使用的词，是必要的动画，而不是大量的动画。

在演讲PPT的制作中，切记不要使用大量的动画效果，这样会让观众觉得你很浮夸。

那什么才是必要的动画呢？具体内容可以参考本书第3章的介绍。在这里给大家举个例子，在魅族PRO 5的发布会上，为了更好地展示手机的零件构成，使用过这样的动画效果。

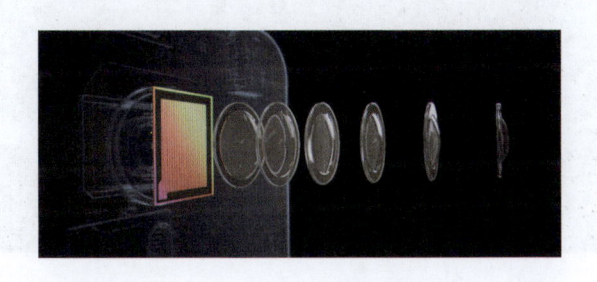

注：这里只是截图，如想看视频，可以自行在网上搜索。

7. 考虑使用配乐

一段恰如其分的音效可以点燃观众心中的情感，让其仿佛置身在某个特定的场景中。这个技巧在烘托感情方面的作用非常明显。

但是，一定要选择与感情基调相匹配的音效，选择不当可能取得相反的效果。

8. 注重幻灯片风格统一

这里的风格统一包含以下几个方面:

❶ 语言风格上的统一

通俗点讲,幻灯片中的内容,要让观众感觉像是一个人写的,也就是语气不变。

❷ 设计风格上的统一

这个主要体现在母版设计方面,主要由字体、背景、配色、效果等来体现出来。

❸ 素材风格上的统一

这里说的素材主要指图片,如果你选择了使用扁平化图标,那么就不要想着再去使用拟物化图标,否则会显得很乱。

9. 注重封面和尾页设计

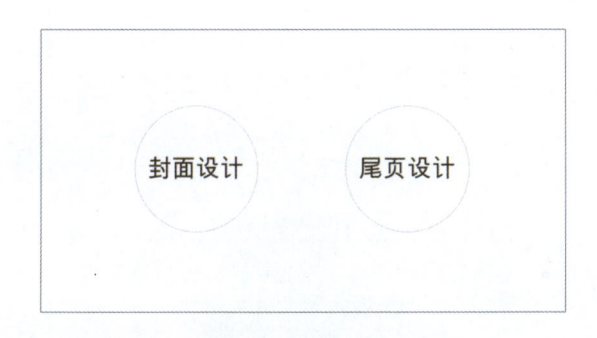

封面决定了观众对幻灯片甚至演讲的第一印象。

它可以用来传递一个信息,告诉观众你要做什么。

也可以用来提出一个问题,例如"如何打造一款4000元的精品国产手机?"或者像下面这份课件PPT的封面一样。

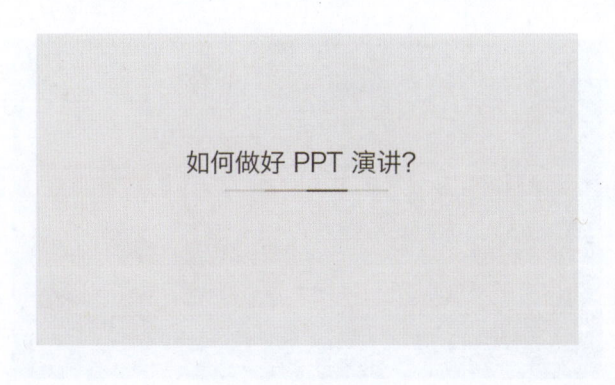

也可以展现一种态度。

或者起到话题引入的作用。

这些都是封面设计时要考虑的功能，千万不能忽视。同样，尾页设计也需要注意功能性。

正常情况下，我们会用致谢来表示一种礼仪。

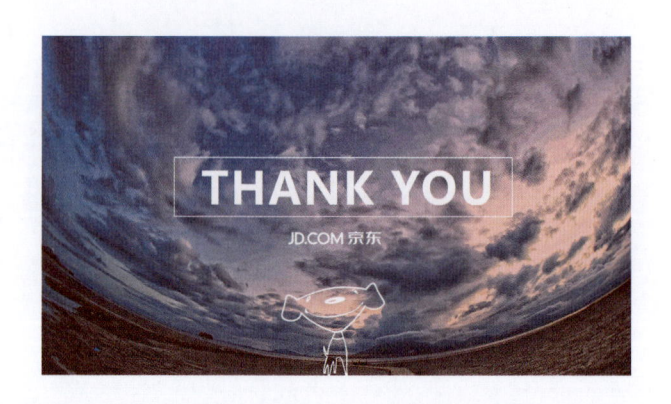

有的时候，可以传递一种信息。

> **在家上网，只需超级电视**
> **中秋更有神秘大礼**
>
> 客厅电视 X60　　｜　　卧室电视 S40
> 1.7GHz四核处理器　　　　1GHz双核处理器
> 全球速度最快的智能电视　　超窄边框 简约设计
>
> 乐视TV·超级电视，只在乐视商城

或者是得出一种结论。

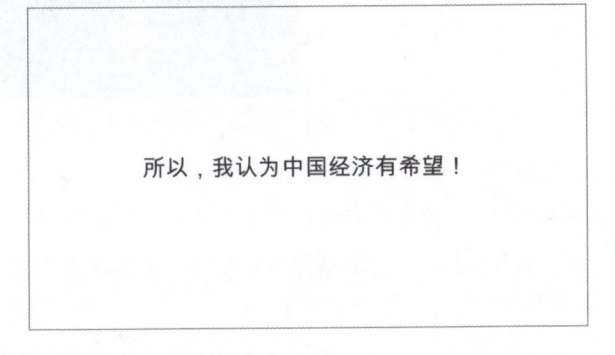

> 所以，我认为中国经济有希望！

总之，设计封面和尾页时，不要简单地从美观性角度来思考，更多时候，要注重功能性的使用。

10．当演讲内容较多时，一定要使用目录页

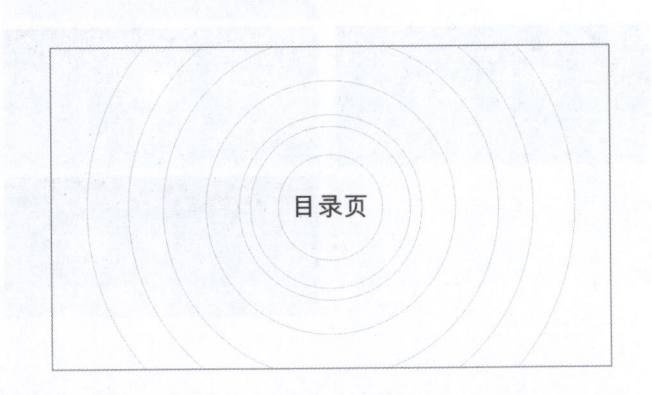

> 目录页

目录页的作用就是在观众脑海中构建一个框架，让观众大致明白你要讲哪些内容，以及各部分内容之间有什么关联。

给大家举个例子。在锤子手机发布会上，一贯都是用3个部分来介绍手机。

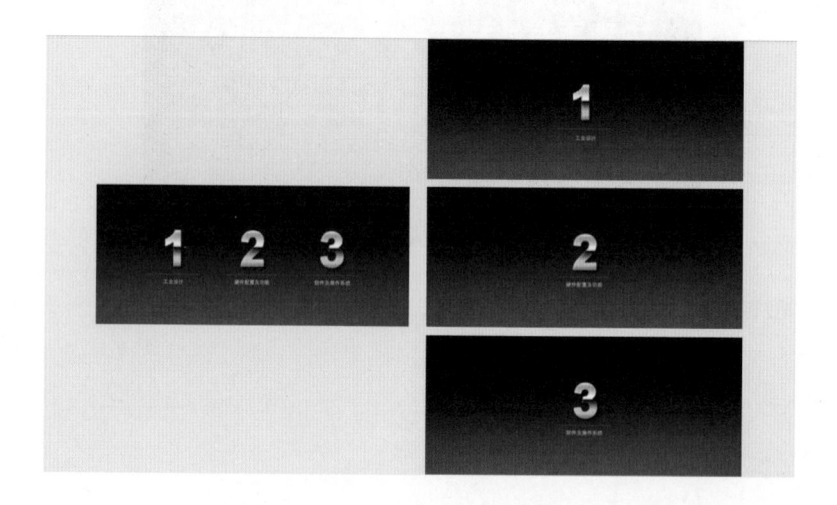

其实，它的作用就是告诉观众，今天会从这3个大的方面来介绍手机。不仅如此，如果每一个大部分下面又划分了一些小的方面，那么就还需要继续搭建目录页。

比如在介绍软件及操作系统部分，在讲解 Smartisan 3.0 的3种新功能时，为了能够贯穿这3个功能，就需要搭建这样的一个分目录页。

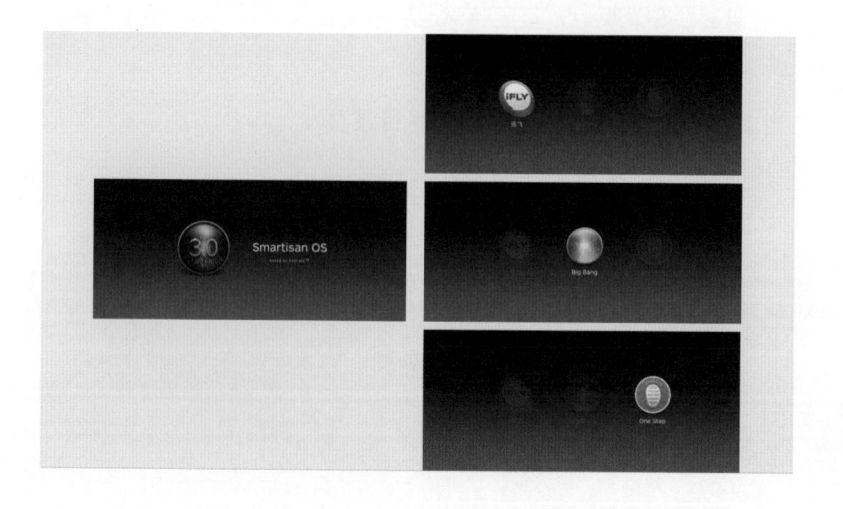

上面就是笔者总结的关于演讲型PPT制作的所有要点,再来回顾一下。

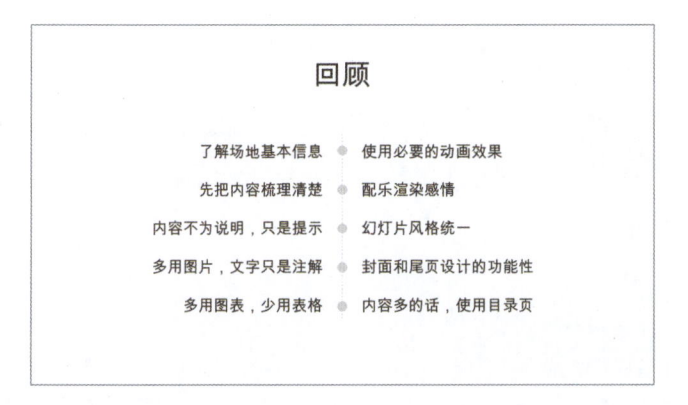

D.2 如何准备演讲

通过前面的学习已经把PPT设计好了,接下来需要将PPT和演讲内容对接起来,必要的排练自然是必不可少的,开个好头,讲好故事,会帮助你的PPT演讲取得成功。

1. 一定要熟练地把演讲内容和PPT对应起来

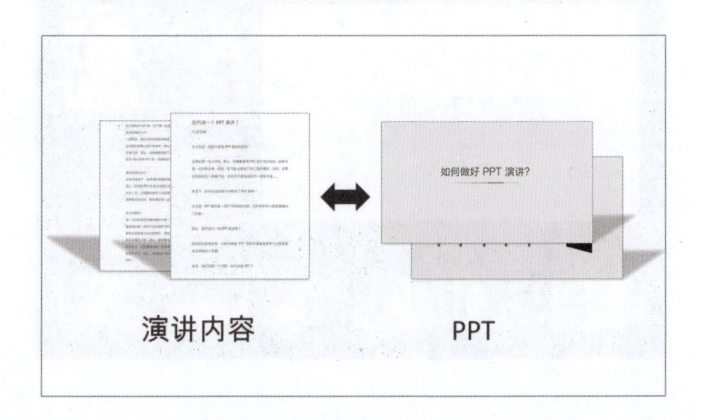

台上一分钟,台下十年功。这话一点不假,口才再好的人也需要在台下把内容背熟。要做到看见PPT,就知道要讲什么内容。

这样做的好处是能够将你的演讲内容固定下来,在大脑中形成一种触发机制,而且,还能够在一定程度上减轻紧张感。

2. 一定要提前排练

不管你的演讲是半个小时还是5个小时，都要至少进行一次完整排练，可以叫上你的朋友当观众，让他们提提意见。

3. 开启演讲者视图

PPT演讲和其他类型的演讲不同的一点在于，PPT需要与演讲同步，虽然在第一点中就告诉你"要熟悉，熟悉，再熟悉"，不过上场之后谁知道会发生什么意外的状况呢？

所以，建议在幻灯片设置中开启演讲者视图，这样，即便你忘记下一页是什么内容，也可以偷偷瞄一眼。

4. 刚开始就引起观众兴趣

如果你想让别人对你的演讲感兴趣，那么，最好做出一点让观众感兴趣的事情来。

一旦你成功吸引了观众的兴趣，接下来观众就会跟着你的思路走，否则，估计台下会有一大片睡觉或玩手机的。

刘念（知乎ID）曾在知乎上分享过一个很不错的开头，在这里推荐一下。

谢谢华科大给我这个机会分享一个大胖子艰难的情场之路。

十几年来，我在感情这条道路上，从屡败屡战，到屡屡得手……也算是积累了不少经验。今天分享给大家。

在曾经的某些艰难的时候，我特别希望自己能像吴彦祖一样帅。那样的话，我就不会遭受很多无谓的挫折，在情场这条道路上，撞得头破血流。而到了今天，我才明白，这就是我的生活，我并没有失去什么。如果我真的跟吴彦祖一样帅，我也就不会积累这么多的感情经验，我也就没有资格站在这里，为大家做演讲。

所以，如果今天，你再让我做出选择，我还是希望我长得像吴彦祖！（场下大笑。）

读中学的时候，我就是一个孤独的、寂寞的、忧伤的大胖子。你们知道的，每个班都会有一个这样的大胖子。

学习成绩也一般，篮球打得也不好，从来就没有一个女生青睐我、喜欢我。我每天看着自己的同学们出双入对，嫉妒得不得了！于是，你们知道我做了一件怎样奇葩的事情吗？（全场安静，想听结果。）

我把全班女生的照片都搞了过来，我把它们全部贴在我的床头！每天睡觉前和起床后，我都会对着她们的照片凝视很久！

然后，对我自己说：刘念，如果你考不上大学的话，你就只能娶她们了！（哈哈大笑。）

5. 多讲故事，多说人话

故事性

如果不是进行很严肃的演讲，最好不要开口闭口都是大道理，更不要过多使用太过专业的名词或概念，这样会严重阻碍演讲信息的传达，因为很少有人能听懂你在说什么。

正确的方式是把大道理隐藏在故事中，或者多举例子，每讲一个难懂的概念时，就给大家举一个简单易懂的例子来辅助说明，深入浅出，才能取得更好的效果。

给大家举个例子，当你想表达自己的耳机音色好的时候，不要堆砌一大堆华丽的辞藻，因为正常的人类是不会那样讲话的，倒不如像下面这样。

音乐厅级体验
多说人话

以上，就是我觉得一些有用的演讲技巧，当然网上还有很多演讲技巧，包括像站姿、着装、语气等，我个人不太喜欢，觉得并不实用。

最后，如果你真的对演讲非常感兴趣，那么给你推荐一本书——《演说之禅》，值得一读。